特殊开采覆岩
及地表移动变形规律

许国胜　著

北　京
冶 金 工 业 出 版 社
2020

内 容 提 要

本书主要选择河南赵固地区巨厚松散层下开采及河南省部分矿井面临的水体下开采为代表性的特殊开采实例，通过理论分析、室内试验、现场实测以及数值模拟等手段，研究了特殊开采条件下覆岩移动及地表沉陷规律，总结了厚松散层煤层开采地表动态移动变形特征，建立了巨厚松散层下开采地表动态移动预计模型，得到了厚松散层下开采地表动态移动变形参数预测公式，揭示了水体下开采覆岩破断及裂隙演化规律，为水体下安全开采提供了理论依据。

本书可供相关矿区的煤矿开采、岩层控制等科研人员及煤矿生产、管理等工程技术人员阅读参考，也可供高等院校采矿工程专业研究生进行特殊开采实践研究时参考。

图书在版编目(CIP)数据

特殊开采覆岩及地表移动变形规律/许国胜著. —北京：冶金工业出版社，2020.9

ISBN 978-7-5024-8448-4

Ⅰ.①特… Ⅱ.①许… Ⅲ.①煤矿开采—岩层移动—研究 ②煤矿开采—地表位移—研究 Ⅳ.①TD325

中国版本图书馆 CIP 数据核字(2020)第 046211 号

出 版 人 苏长永

地　　址 北京市东城区嵩祝院北巷 39 号 邮编 100009 电话 (010)64027926

网　　址 www.cnmip.com.cn 电子信箱 yjcbs@cnmip.com.cn

责任编辑 李培禄 美术编辑 彭子赫 版式设计 孙跃红

责任校对 郑 娟 责任印制 李玉山

ISBN 978-7-5024-8448-4

冶金工业出版社出版发行；各地新华书店经销；三河市双峰印刷装订有限公司印刷

2020 年 9 月第 1 版，2020 年 9 月第 1 次印刷

169mm×239mm；8.75 印张；172 千字；132 页

45.00 元

冶金工业出版社 投稿电话 (010)64027932 投稿信箱 tougao@cnmip.com.cn

冶金工业出版社营销中心 电话 (010)64044283 传真 (010)64027893

冶金工业出版社天猫旗舰店 yjgycbs.tmall.com

(本书如有印装质量问题，本社营销中心负责退换)

前　言

在地下煤层开采之前，岩体在原岩应力场环境下处于一种相对平衡状态。当部分煤层被采出后，岩层内部形成一个采空区，周围岩体的应力状态受到破坏，导致其应力场发生改变，直到达到新的平衡状态。在此过程中受扰动岩体产生移动、变形和破坏，这种复杂的物理力学过程随着工作面的推进而不断重复。采空区上部岩层受到采动扰动后，在竖直方向上形成“三带”，即垮落带、裂隙带和弯曲下沉带。当开采范围足够大时，岩层移动变形发展到地表，在地表形成连续的下沉盆地，或者不连续的台阶、裂缝、塌陷坑。

我国92%的煤炭生产是井工开采，2019年我国煤炭产量为38.5亿吨，如此大量的煤炭资源的开采势必会对采空区上部岩层及地表造成大面积的采动损害影响。一方面，由于开采沉陷是一个十分复杂的物理、力学变化过程，也是岩层自下而上地产生移动和破坏的过程，这一过程又受到多种因素的影响。在我国华东、华中、华北等地区地层上部覆盖有厚的松散层，由于松散层与基岩的物理和力学性质的较大差异，造成该特殊地质条件下，地表受采动影响后表现出特殊的开采沉陷规律。因此，开展厚松散层下开采地表沉陷特征、开采地表动态移动变形规律实测及预测等方面的研究，可为该地区煤矿开采沉陷预计、村庄下压煤开采、地表沉陷治理及土地复垦治理等工作提供理论参考。另一方面，井工长壁工作面高强度开采易导致覆岩采动裂隙由下向上扩展，若采动裂隙发育至覆岩含水层或者直接与地表水体沟通，可能引起上覆含水岩土层的突水、浅表水及地下水漏失、地表植被枯死和土地荒漠化趋势加剧等一系列安全与地质环境灾害，导致原本十分脆弱的生态地质环境不断恶化，使潜在的自然环境脆弱性转化成为现实的破坏。既要解决井下工作面开采时顶板含水层突水危险性的评价及治理，又要从地质环境保护角度出发，面对特殊情况下的开采工作，实现绿色保水开采，就必须对开采后上覆岩层的裂隙演化规律进行深入研究。因此，针对上述两方面的问题，本书在前人研究成果的基础上，总结近几年作者所在科研团队的研究积累，以煤矿采动损害为本，将厚松散层下开采地表的移动变形规律和水体下采煤覆岩移动及采动裂隙演化规律这两个方面的研究成果呈现给读者，希望能够帮助相应领域及相关研究方向的读者更深入地掌握这方面的知识和技术。

本书分为两篇，第一篇为厚松散层下开采地表移动变形规律，共4章；第二篇为水体下开采覆岩移动及采动裂隙演化规律，共5章。本书的研究成果主要形成于作者硕士研究生和博士研究生期间课题组的科研项目，笔者的指导教师李德海教授对本书内容做出了全面的指导工作，课题组张彦宾、许胜军、余华中等师兄对书中现场工作、实验室试验等方面提供了大力的支持。书中部分内容得到了张进的支持，研究生王四海、侯得峰及韩亚鹏参与了书稿中部分数据和图片的整理与编排，在此一并向他们表示衷心的感谢。

本书的出版得到了“矿业工程”省级重点学科（黔学位合字ZDXK[2016]13号）建设经费的资助，得到了贵州工程应用技术学院科学研究基金（院科合字G2018012号）、贵州省教育厅人才成长项目(黔教合KY字［2018］388号)、毕节市科技局科技联合基金（毕科联合字G[2019]1号）项目的支持，特此感谢！

在本书现场工作中，得到了焦作煤业（集团）新乡能源有限公司、河南永华能源有限公司嵩山煤矿、郑州煤炭工业（集团）杨河煤业有限公司等公司领导及现场技术人员提供的大力支持和帮助，才使得科研项目顺利完成，得以形成本书。

近些年，由于对环境问题的逐步重视，煤矿开采后对于地表及覆岩岩层的采动影响成为矿业领域研究的热点，在这些方面凝聚了大量有价值的成果。由于编者学识水平所限，内容可能存在不足或者值得讨论之处，衷心希望读者提出纠正，不吝指教。

许国胜

2020年5月

目　录

第一篇　厚松散层下开采地表移动变形规律

第二篇　水体下开采覆岩移动及采动裂隙演化规律

第一篇　厚松散层下开采地表移动变形规律

由于煤炭资源的大规模高强度的开采，破坏了采空区周围岩体的原岩应力平衡状态，使得上覆岩土体的应力重新分布，并达到新的平衡[1]。在这个过程中，岩层和地表产生连续的移动、变形和非连续的破坏，造成地表的建筑、铁路、水利设施等构建物遭到破坏，大量农田由于沉陷造成裂缝或荒芜，加剧了人与土地的矛盾，不单单制约了煤矿企业的可持续发展，而且严重影响到整个矿区的社会稳定以及生态环境和经济的发展。所以研究地表沉陷的规律和发生机理、采取有效的沉陷控制和地面保护的措施是必不可少的。

国内外学者通过理论分析、实测分析、相似模拟以及数值模拟实验等手段，对一般地质采矿条件下开采引起的覆岩及地表移动规律进行了大量的研究工作，取得丰富的成果。在我国的华东、华中、华北等地区地层上部覆盖有厚的松散层，对于该地区由于煤炭开采造成的沉陷规律没有进行系统的研究，仍处于探索和积累阶段。而开采沉陷是一个十分复杂的物理、力学变化过程，也是岩层自下而上地产生移动和破坏的过程，这一过程又受到多种因素的影响。该地区受到采动后，地表沉陷显现出特殊的规律：下沉系数及水平移动系数较大，其中地表下沉系数接近 1 或者大于 1，主要影响角正切偏小，下沉范围小于水平移动范围等。对于松散层地区特殊的沉陷规律没有系统地总结归纳，岩层及地表下沉机理解释不清，对于松散层地区动态移动变形特征研究较少。

基于上述研究内容的不足，本书从厚松散层土体特性及采动效应、开采地表移动观测及预计参数拟合、开采地表沉陷特征以及开采地表动态移动变形规律实测及预测等方面展开研究。本书的研究成果将为该地区煤矿开采地表沉陷预计、村庄下压煤开采、地表沉陷治理及土地复垦治理等工作提供理论参考和借鉴。

1 厚松散层下开采沉陷的国内外研究现状

松散层又称冲积层，是指由河流的流水搬运过来的碎岩屑沉积，在河床较平缓地带形成的沉积物，由于松散层的土体呈松散状态，也称松散介质。其物理性质介于固体和液体的中间状态，与固体岩体相比较，松散介质有诸多不同：松散介质的颗粒仅在一定范围内能保持其形状，而且当受到外部力学扰动时具有部分流动性；松散介质抗变形能力较差，几乎不具有抗拉伸能力；松散介质的抗剪强度随剪切面上的正压力而改变，抗剪强度随正压力的增加表现出来增加的趋势。松散介质也不同于液体：液体的抵抗剪切力能力更小，液体具有更大的流动性，没有固定形状[1]。厚松散层在我国广泛分布于华东、华中、华北和东北等矿区。例如华东地区的兖州矿区松散层厚度最大为230m，华中地区的平顶山矿区松散层厚度为30m到350m不等，永夏矿区的松散层厚度为100m到380m不等，华北地区的邢台矿区松散层厚度为80m到290m不等，东北地区的沈北煤田、鹤岗煤田等煤田的松散层厚度也从几米到200m不等。一般认为，厚度超过50m的表土层可以称为厚松散层，超过100m的表土层就可以称为巨厚松散层[2]，为了统一本书将超过50m，甚至超过100m的表土层统称为厚松散层。

1.1 厚松散层下开采地表移动规律研究现状

国外对于厚松散层下开采沉陷的研究并不多见，主要集中在城市过度抽取地下水或者石油开采引起的地表沉降。对于煤炭开采引起的松散层地区地表沉陷，最早研究成果是波兰的J. 什泰拉克的疏排含水层理论，J. 什泰拉克将含水层疏降的岩土层作出划分，认为并非所有地层都能发生失水固结沉降，将含水岩体分为松散含水层（砂土和砾石）和致密含水岩层（岩、石灰岩和白云岩等），前者被疏干时将产生地表变形，而后者疏干时则不会产生变形。并且岩层水被疏排而引起的地表下沉量取决于松散岩土密度、粒度以及压缩性。学者克拉茨在其著作《采动损害与保护》中对松散层隧道土体进行离心模型试验，分析了松散层隧道施工过程中孔隙水压力的变化，并分析了对表土层移动变形的影响。1947年前苏联学者阿维尔辛利用塑性理论对岩层移动进行了分析研究，建立了描绘地表下沉盆地剖面形状的公式在大量实测资料的基础上，提出了开采水平煤层时地表的水平移动与地表的斜率成正比的著名观点。布克林斯基于20世纪80年代指出，地表是移动岩层的一部分，研究地表移动必须了解从煤层到地表的整个岩层的移动情况，只有当覆岩内部的移动规律及其计算问题得到解决后，地表移动规律及其计算才能得到真正的解决。对于厚松散层地区，只有充分认识土层内部变形规律和土层的工程性质，才能从机理上解决地表沉陷预计问题。

我国学者开始对于厚松散层地质条件下开采沉陷的研究始于 20 世纪 80 年代，主要是因为在我国华东地区厚松散层条件下，由采矿活动影响下的地表移动盆地表现出下沉系数偏大，一般下沉系数接近 1 或者超过 1 的特殊现象。由此国内众多学者展开了卓有成效的研究。

李德海[3] 认为，厚松散层矿区地表移动参数与地质采矿条件之间的关系和非厚松散层矿区地表移动参数与地质采矿条件之间的关系有着共同点。厚松散层矿区条带开采地表移动参数的特点决定了厚松散层矿区地表移动盆地的特殊性：移动盆地范围大、水平移动量大，地表总下沉量大于同类条件下非厚松散层下条带开采的地表下沉量。后期通过对焦煤集团赵固一矿 11011 工作面地表移动变形的实测数据进行分析，得到在厚松散层地区煤层开采地表敏感、下沉速度大、下沉剧烈、下沉系数大和地表移动衰退时间长等特征[4]。

刘义新等[5] 认为，与一般开采条件相比，厚松散层下单工作面采煤地表采动程度较高，易接近或达到充分采动状态，并且厚松散层在移动过程中具有自我调节的特性。以华东某矿厚松散层下采煤为试验原型进行模拟试验，得出了厚松散层条件下开采地表移动盆地边缘收敛缓、易达到充分采动、下沉系数大、移动盆地边界较大并出现长距离的沉稳区等特点，并且厚松散层薄基岩下单工作面常规开采地表采动程度较大，受护对象易严重破坏的结论。

张向东等[6] 认为，在厚冲积层条件下，地表沉陷与变形具有下沉系数和水平移动系数偏大，而拐点偏移距较小的特点，且拐点偏移距随冲积层厚度的增大而减小。姜兴阁等[7] 利用 $FLAC^{3D}$ 数值模拟软件对中煤平朔集团井东煤矿进行了数值模拟，得出厚松散层情况下，地表沉降范围相应增大，随着地下开采区域范围的扩大，地表沉降范围和沉降量也不断增加，但在一定范围内相比于同条件下的开采情况，随着覆盖层厚度的增加地表沉降量会相应有所降低，而且地表沉陷影响区要比一般条件下范围扩大。陈俊杰等[8] 通过对开滦、永煤等大型矿区的大量实测数据分析，提出了应将松散层与基岩作为开采深度的不同介质评定采动程度的标准，并指出在厚松散层开采条件下，松散层厚度在整个开采深度中所占比例越大，下沉系数越大。

通过对文献的梳理和研究发现，与薄表土层下开采不同，厚松散层下开采地表具有其独特的表现：

（1）下沉系数接近或大于 1.0。大多数厚松散层矿区的下沉系数接近或大于 1.0，具体数值因岩层和土层的结构和土层性质的不同而不同。实测资料统计结果显示，在松散层下开采，初次采动下沉系数为0.81~1.20。例如，在淮北矿区，刘桥矿下沉系数为0.96~1.27；朱仙庄矿为0.95~1.18；石台矿为1.20；塑里矿为1.10；张庄矿为1.10；百善矿为1.29。又如，在淮南潘集矿区，西一（下段）倾向线下山地表下沉系数为1.10，上山达1.63；西一（上段）倾斜线上山的地表下沉系数为1.20；西二观测线走向方向地表下沉系数为0.82，倾向方向地表下沉系数为0.98。

（2）地表沉陷范围扩展。随着地表下沉系数的增加，地表沉陷盆地的范围有所扩展。在概率积分法中，$\tan\beta$ 是反映地表影响范围的指标，实测资料显示，淮北矿区 $\tan\beta$ 值平均为1.70，大屯矿区 $\tan\beta$ 值平均为1.71，邢台矿区 $\tan\beta$ 值平均为1.88。这些数据表明，厚松散层下采煤引起的地表移动范围大于薄（无）松散层下开采引起的地表移动范围。

（3）水平移动范围大于下沉范围。根据《建筑物、水体、铁路及主要井巷煤柱留设与压煤开采规程》之规定，地表移动盆地边缘以下沉值为10mm的点作为移动盆地边界点。一般地质采矿条件下开采此移动边界以外的移动变形可以忽略不计，但在厚松散层地区，下沉10mm处水平移动变形值还很明显，有的甚至存在大于2mm/m的水平移动变形，水平移动范围大于下沉范围。

（4）地表移动盆地偏向上山方向。在倾向主断面上与地表最大下沉点位置有关的岩移参数是最大下沉角，其值越大则表明地表移动盆地向上山方向偏移越大。最大下沉角的大小与上覆岩层的岩性有关。在厚松散层下开采时，它有向地表沉陷盆地上山方向偏移的现象。根据淮北矿区的观测，最大下沉角为：刘桥矿区75°~82°；朱仙庄矿为88°~91°；杨庄矿为92°；百善矿为91°；袁庄矿为94°；矿区最大下沉角 θ=75°~94°。徐州矿区庞庄矿实测最大下沉角为83°。

地表下沉盆地向上山方向偏移还表现在边界角和移动角的大小上。淮北的杨庄矿、刘庄矿、百善矿、石台矿和朱仙庄以及淮南潘一矿的观测表明，上山方向的边界角、移动角小于下山方向的边界角和移动角。

1.2 厚松散层下开采地表沉陷预计研究现状

1.2.1 地表开采沉陷预计理论

地表移动与变形的预计，是根据已知的地质条件和开采技术条件，在开采之前对地表可能产生的移动和变形进行计算，以便对地表移动和变形的大小和范围以及对地表构筑物造成的损害进行估计。依据预计方法的建立途径不同，可以分为经验方法、理论模型方法及影响函数法。

1.2.1.1 经验方法

经验方法中最常用的是剖面函数预计方法，剖面函数预计方法的本质是，根据不同的开采条件下地表下沉盆地剖面形状，确定不同的剖面函数来表示各种开采条件下主断面内的典型移动和分布情况。通过对现场资料的不断积累，不断加深对地表移动和变形规律的认识，根据不断积累的实践经验，总结出适合本矿区预计地表移动与变形的经验方法，由于是对本矿区或相近矿区开采沉陷规律的总结，所以对相同地质条件下的开采沉陷预计准确性较高，但是推广性不强，且没有完整的理论体系支撑，所以在实际生产中应用较少。

1.2.1.2 理论模型方法

理论模型方法是把岩体抽象为某个数学的、力学的或数学-力学的理论模型，按照这个模型计算出受开采影响岩体产生的移动、变形和应力的分布情况。该法所用的理论模型分为两种：连续介质模型和非连续介质模型（如弹性梁弯曲、弹塑性模型、有限元和边界元模拟等）。目前常用的数值模拟软件主要有有限差分法软件 FLAC/FLAC^{3D}、离散元法软件 UDEC/3DEC、有限元法软件 ANSYS 和 ABAQUS。其中 FLAC 软件由于是基于连续介质理论，且模型建立较为方便，计算速度较快，所以被广泛应用。

1.2.1.3 影响函数法

影响函数法是开采沉陷预计最重要的预计方法之一，它是介于经验方法和理论模型方法之间的一种方法。其基本原理是根据理论研究确定微小单元开采对岩层或地表的影响函数，把整个煤层开采对地表和岩层移动的影响看作所有微元开采影响之和，据此计算整个煤层开采对覆岩或地表产生的移动与变形[9]。概率积分法作为影响函数法中典型的预计方法，目前成为我国较为成熟、应用最为广泛的预计方法之一。

概率积分法，又称随机介质理论法，最早是由波兰学者李特威尼申（J. Litwiniszyn）于20世纪50年代引入岩层及地表移动的研究，我国学者刘宝琛、廖国华等将概率积分法全面引入我国，至今已成为预计开采沉陷的主要方法。该理论认为矿山岩体中分布着许多原生的节理、裂隙和断裂等弱面，可将采空区上覆岩体看成是一种松散的介质。将整个开采区域分解为无穷多个无限小单元的开采，把微单元开采引起的地表移动看作是随机事件，用概率积分来表示微小单元开采引起地表移动变形的概率预计公式，计算得到单元下沉盆地下沉曲线为正态分布的概率密度曲线，从而叠加计算出整个开采空间引起的地表移动变形。

1.2.1.4 开采沉陷概率积分法参数的识别

在现有观测数据的基础上，针对特定地质条件下的煤层开采，进行概率积分预计参数的求取，可定量地研究采动引起的岩层与地表移动时空分布规律，另外还可以从实践上指导该矿以及邻近煤矿的“三下”开采工作。目前针对开采沉陷预计模型的参数求解的方法主要有：曲线拟合法、空间问题求参法、正交试验设计求参法、模式法等。但曲线拟合法以其操作简单且精确度高等优点，被众多学者应用。

曲线拟合法求取参数之前，必须首先设定拟合函数 $y=f(X, B)$，其中自变量为 X，待定参数为 B。根据实测资料中关于（X，Y）的 n 对观测值（X_k，Y_k）（k 为观测线上有效观测点的点号），自变量 X 取走向观测线与倾向观测线交点为零点，使得：

$$Q = \sum_{k=1}^{1} [y_k - f(X_k, B)]^2 \rightarrow \min \tag{1-1}$$

式中，Q 为残差平方和。

然后基于地表移动观测站实测资料，按照最小二乘原理，选择一组参数 B，使得拟合函数值与实测值最为接近，即两者的偏差平方和最小。

利用 Origin 数据处理软件，将观测站实测数据代入概率积分预计公式进行拟合计算，得出走向和倾向方向地表移动变形拟合曲线。

由于实际开采沉陷只在特定的时间内发生，若不能在此时间内及时观测到实际开采的沉陷数据，此数据将无法在事后补测。而且野外观测面临着众多问题，比如工农关系、观测站及观测费用、地面环境条件等方面限制，造成煤矿现场观测站建设较少。如果在没有地面观测数据的情况下，必须通过其他手段获取地表移动参数，目前工程实践中常用的确定地表及岩体移动基本参数的方法有：回归分析法、工程类比法、反分析方法，其中回归分析法在实际工程中应用较多。

回归分析法是利用数理统计原理，对大量的统计数据进行数学处理，并确定因变量与某些自变量之间的相关关系，建立一个相关性较好的回归方程，并加以推广，用于预测因变量的分析方法。

我国自开展“三下”采煤试验研究以来，曾建立了200多个地表移动观测站对包括概率积分法参数的地表移动参数进行实测，为进一步的理论研究积累了大量的资料，这些实测数据通过曲线拟合可以得到概率积分参数，然后利用相似理论的方程分析法、稳健估计理论、岩石力学理论以及数理统计方法等建立概率积分法参数与地质采矿条件的关系。

概率积分法参数主要有下沉系数（q）、水平移动系数（b）、拐点偏移距（S）、主要影响角正切值（$\tan\beta$），这些参数与上覆岩层岩性、采深、采厚、采动程度、采动次数、表土层厚度、采煤方法和顶板管理方法等因素有关。

1.2.2 厚松散层下开采地表沉陷预计研究现状

在厚松散层地表移动变形规律及变形预计方面，李德海[3] 对鹤壁矿区、焦作矿区、永夏矿区厚松散层开采沉陷现场进行了大量的观测及室内模拟试验，总结了厚松散层条件下特殊的沉陷规律，并且获得了厚松散层下开采地表移动变形参数与松散层厚度及采深之间的关系。余华中[10,11]通过永煤矿区的实测资料分析，在传统的概率积分法原理基础上，根据厚松散层下条带开采地表沉陷的规律并结合相似模拟试验数据，将煤层上覆岩层分为松散层和基岩两部分，结合岩层移动分层传递的观点对原概率积分法的理论，提出了一种修正方法，建立起厚松散层条件下开采的地表移动预计的概率积分法修正模型，克服了原概率积分法预计结果在移动盆地边缘收敛过快的缺陷，大大提高了预计的准确性。

李永树等[12,13]考虑冲积层和基岩不同的介质力学模型对地表移动的作用，根据随机介质理论以及力学理论建立了复合岩层采动沉陷预计 PTS 模型，而且通过现场试验验证了预计结果能够满足现场工程精度的要求。郝延锦等[14]通过对实测资料的综合分析，并由回归曲线得出：松散层在覆岩中所占的比例越大，主要影响角正切值越小，反之越大。也就是说，松散层在覆岩中所占的比例越大，整体覆岩越软、强度较小，地表的移动范围就相对越大；并提出了厚松散层条件下的地表移动变形预计方法，克服了概率积分法在预计厚松散层条件下下沉盆地关于拐点反对称的弱点。王宁等[15]考虑到松散层厚度的影响，在概率积分法的基础上提出了新的开采沉陷预计模型，解决了原来下沉盆地边缘收敛过快的问题。

1.3 厚松散层下开采地表沉陷机理研究现状

我国学者针对厚松散层地区地表沉陷的研究做出了显著的成绩，在研究中发现，有别于其他地质条件，厚松散层地区开采，之所以出现比较特殊的沉陷规律，肯定与厚松散层的土体采动效应有关，于是众多学者将松散层和基岩区别开来，并将土体的物理力学及土体失水固结相联系，研究取得了一定成果。

国内学者针对松散层覆盖地区深部土体的性质进行了深入研究，为松散层下开采地表沉陷机理的研究提供了重要的理论参考依据。李文平[16]用室内高压固结试验机对松散层深部土体进行了试验，得到了底含的压缩系数、压缩模量等有关参数，对深部黏土层和砂砾层的不同失水压缩特征进行了研究，认为只有重力水才能传递静水头，如果地层发生失水变形的话，必须具备孔隙大、含水量高、饱含重力水的性质，只有当黏土层含有重力水时才能发生黏土层向砂层中渗流失水，导致黏土层压缩，产生固结变形，这样就要求发生固结的土层为埋深不大，沉积时间较短的软黏土层。这种现象在我国上海地区的含水层地下水过度抽采引起的地面沉降中得以验证。为了对底部含水层的疏排水沉降规律及相关参数进行研究，在 1999 年，李文平[17]针对室内高压固结试验装置的不足，设计了一种底含失水压缩模拟的试验装置，以大埋深高承压水头的条件进行了底含砂砾石含水层的失水压缩变形研究，根据试验结果分析得到了徐淮矿区底含压缩量和水头降的预计公式。

许延春[18] 根据黄淮地区（安徽淮南潘集矿、淮北朱仙庄矿、山东兖州兴隆庄矿以及河北邢台煤矿）深部土体的土工试验结果，对深厚含水松散层的物理性质进行了研究，通过深部黏土高压入渗和密实砂土的“双控”三轴压缩试验，分析了厚松散层下深部土体的结构特征，根据实际观测结果建立了松散层压缩量计算模型，对松散含水层疏水导致井壁破坏及防治工程具有重要的指导意义。

国内学者狄乾生和华安增教授都对厚含水层地下开采引起的固结现象进行了研究。煤炭科学研究总院的梁庆华等针对厚松散层地区煤层开采地表下沉系数偏大的现象，运用基于随机介质理论的概率积分法，得到了黏土体失水引起的地表沉降计算公式。王金庄等[19] 提出松散层下开采的双层介质模型，由于松软的结构决定了松散层抗变形能力、抗剪强度低。采动后顶板基岩被认为是松散层沉陷的控制层。利用相似材料模拟试验来研究松散层地表的规律，发现：煤层上方基岩呈梁弯曲形式，而煤层上覆的松散层则表现出整体下沉。松散层和基岩采用不同的力学模型来分析，其中松散层采用随机介质力学模型，而基岩则采用均质连续各向同性弹性体模型。吴侃等[20] 设计了相似材料模型实验系统，用来研究开采沉陷在土体中的传递规律。试验结果表明：开采沉陷边界在土体中的传递与土层的性质是密切相关的，认为地表下沉值是由以下几个部分组成的：采动引起的基岩面下沉、土体的流动、地下水位下降、有效应力增加引起的下沉以及附加载荷引起的下沉。

非常值得提出的是，隋旺华[21] 在松散层地区受采动影响下水土耦合与开采沉陷的关系、采动后土体变形规律方面进行了深入的研究，总结了松散层地区的深部土体的物理力学性质、工程地质特性以及水文地质结构，通过大型离心试验机对两组松散层土体模型进行离心试验，证明了开采沉陷过程中土体变形、破坏中流固耦合作用的存在，并系统地阐明了开采沉陷过程中，松散层内部土体的移动变形、超孔隙水压力的消散、土体压缩或膨胀现象。最后基于 Biot 固结理论运用有限元数值分析的方法，对松散层的空间应力状态进行了分析，而后引入流固耦合的数值模型，研究了厚松散层土体的应力变形以及地表沉陷的情况。

综上所述，通过文献的梳理和研究发现，厚松散层地区地表移动机理与下面两种因素有关：一方面，采动情况下松散层土体结构较弱，没有承载能力，作为载荷作用在顶板基岩上，随基岩垮落整体下沉，造成地表下沉值较大。另外一方面，考虑到松散层土体的结构特性，采动裂隙扩展至松散层，造成松散层底部的含水层疏降以及上部土体受扰动造成孔隙水压力的消散，两者共同作用使得松散层土体不但受到采动移动变形，而且在采动附加应力和孔隙水压力降低的共同作用下，引起松散层土体固结，造成地表下沉系数较大等特殊地表沉陷特征。

2　厚松散层深部土体特性及采动效应

2.1　赵固矿区井田水文地质条件

河南省焦作矿区是我国六大无烟煤生产基地之一，矿区位于河南省西北部、太行山南麓，地跨焦作、辉县、济源三个地级市，包括焦作、济源两个煤田。赵固地区位于焦作矿区东部，行政区域隶属辉县市管辖。矿区以 F_{17} 断层为界，分为赵固一井田和赵固二井田，赵固矿区区域位置见图 2-1 所示。F_{17} 断层以北为赵固一井田，北起二$_1$ 煤层隐伏露头处，东及东南止于 F_{17} 断层，西北起 F_{15} 断层，南止 F_{20} 断层和 F_{17} 断层西段，矿区走向长2.5～5km，倾斜宽10km，井田面积47.74km^2，于2008 年11 月试生产，设计生产能力为2.40Mt/a。赵固二井田范围西部以峪河断层（F_{20}）为界，北部以耿村断层（F_{15}）为界，东北部以二$_1$煤层露头为界，南部以百泉断层（F_{17}）为界，东西长约 15km，南北宽 2.0～5.5km，矿井设计年生产能力 1.2 Mt/a，于2007 年1 月9 日开工建设，2010 年11 月试生产。

2.1.1　矿区地质条件——地层

区域地层区划属华北地层区太行小区。据区域出露及矿区地质勘查阶段的钻孔柱状图显示，区域地层由前震旦系、震旦系、寒武系、奥陶系、石炭系、二叠系、第三系、第四系等地层组成，缺失奥陶系上统、志留系、泥盆系、石炭系下统、侏罗系和白垩系地层。以赵固一矿为例，对矿井地层进行介绍。

赵固一矿井田属第四系、第三系全覆盖区。根据矿区地质勘查阶段的钻孔揭露情况来看，本区赋存地层是奥陶系中统马家沟组、石炭系中统本溪组和上统太原组、二叠系下统山西组和下石盒子组、第三系、第四系，其中石炭系上统太原组和二叠系下统山西组为主要含煤的地层。矿井地质水文地质综合柱状图如图 2-2 所示，从老到新分述如下：

（1）奥陶系中统马家沟组（O_{2m}）：以深灰色、灰色厚层状隐晶质石灰岩为主，石灰岩岩质坚硬致密，但裂隙发育，方解石充填裂隙。本组的实际厚度要大于400m，揭露厚度2.25～100.41m，平均21.10m。

（2）石炭系中统本溪组（C_{2b}）：上部为黑色泥岩和砂质泥岩，中部为灰色砂质泥岩，底部为铝质泥岩。本组厚度为3.57～19.05m，平均11.73m。与下伏地

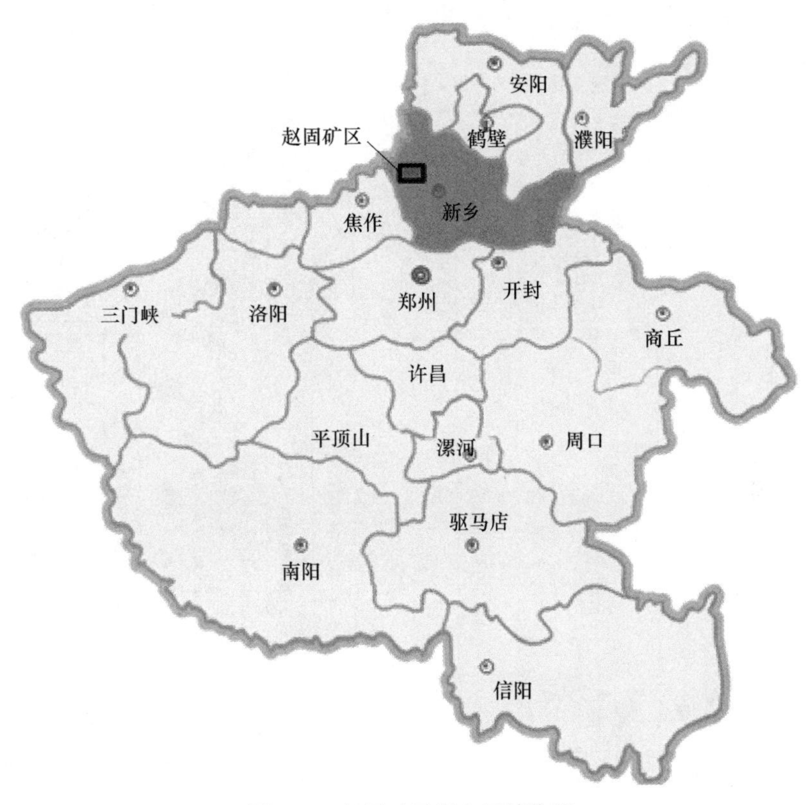

图 2-1 赵固矿区所在区域位置

层呈平行不整合接触。

(3) 石炭系上统太原组（C_{3t}）：由石灰岩、砂质泥岩、砂岩、泥岩和煤层组成。据其岩性组合特征可分为上、中、下三段。本组下起一$_2$ 煤层底，上至二$_1$ 煤层底板，地层厚度 91.28 ~ 112.90m，平均 105.95m，与下伏本溪组地层接触整合。

(4) 二叠系下统山西组（P_{1sh}）：下起二$_1$ 煤层底板砂岩底，上至砂锅窑砂岩底界面，地层厚度 66.01 ~ 89.64m，平均层厚 77.42m，与下伏太原组整合接触。主要由砂质泥岩、泥岩、砂岩及煤层四类岩层构成，组成了本井田内主要含煤地层。根据其岩性特征自下而上分为二$_1$ 煤层段、大占砂岩段、香炭砂岩段、小紫泥岩段。

二$_1$ 煤层段：自二$_1$ 煤层底板砂岩底至大占砂岩底，厚 25.49m。由泥岩、砂岩及煤层组成，含煤 3 层，其中二$_1$ 煤层为本井田主要可采煤层，煤层厚度 1.21 ~ 7.10m，平均 5.29m，底部为细-中粒砂岩，多夹泥质条带，具波状、透镜状层理，称“二$_1$ 煤层底板砂岩”，为一辅助标志层。

大占砂岩段：自大占砂岩底至香炭砂岩底，含 1 ~ 3 层砂岩，厚 23.38m。下

界	系	统	组	段	地层厚度/m 最小～最大/平均厚度	累计厚度/m	层厚/m	柱状 1:500	岩性描述	水文地质特征
新生界	第四系、新近系					9.70	9.70		黄灰色表土及灰黄色黄土，含少量钙质结核	含孔隙潜水－承压水，富水性较强的砾石砂层多呈凸镜体，厚度变化大，层数与厚度均不稳定，规律性不明显，据以往抽水资料,水位标高+77.05～93.02m，渗透系数 0.37～30.2m/d，q＝0.38～18.29L/(s·m)，水质属HCO_3-Ca，Mg型，矿化度0.204～0.334g/L
						17.70	8.00		细砂，主要由石英砾粒组成，含有石灰岩砾石，圆度较好	
						25.00	7.30		黏土，含砂岩砾石及钙质结核，局部含少量砂质	
						34.70	9.70		粗砂，褐黄色，局部为细粒，成分以石英为主，并有少量暗色物质	
						100.00	65.30		黏土，灰黄色，含钙质结核，局部多砂质，偶见砾石	
						130.00	30.0		砾石，成分以石灰岩为主。底部钙质胶结成砾岩，多为黏土与砾石混杂	
						195.00	65.0		黏土，灰黄、棕红色，含钙质，下部偶见砾石且铝质增多，呈灰白色	
						210.00	15.0		砾石，成分以石英为主，次为泥岩、砂岩、石灰岩，砾石直径多在 20～50mm之间	
						379.30	169.30		黏土夹砾石，黏土内含铝质斑块及钙质结核，有时砾石与黏土互层	第三系底部砾石含水层，厚度3.25～23.65m，邻区资料，q=0.3026～0.1918 L/(s·m)，水位标高+84.65～85.04m，水质HCO_3-Ca,Mg,Na,$HCO_3 \cdot SO_4$-Ca，Mg型，矿化度0.33～0.3959g/L
					366.68～808.10 480.02	480.02	100.72		砂质黏土，黄色具兰灰色铝质斑块，底部含粗砂，偶见分选差的砾石	
古生界	二叠系 P	下统	下石盒子组 P_{1x}			486.74	6.72		砂质泥岩，褐灰、褐黄色，含白云母片，下部变为泥岩，含少量铝质，底部砂质泥岩与泥互层	含裂隙承压水，富水性较弱，含水层厚度2.01～29.84m，顶部风化带都16.69～54.35m，区域资料水位变化幅度大，K=0.1～0.5m/d，为弱富水性，水质HCO_3-Ca，Mg型，矿化度0.28g/L
						493.84	7.10		细砂岩，浅灰色稍绿，成分多为石英长石，分选较好，泥岩胶结具不明显波状层理	
						507.16	13.32		砂质泥岩，灰绿色-深灰色，明显波状层理，局部夹泥质条带，含少量植物化石碎片	
						514.60	7.44		泥岩，灰-青灰色，具紫红色花斑，中部含菱铁质，密度大，局部为鲕状铝土质泥岩，下部含砂质增多	
					0.90～131.00 42.43	522.45	7.85		中粗粒砂岩，灰-灰白色，颗粒成分主要为石英，次为长石白云母片组成，含暗色矿物，底部含细砾石，分选差，磨圆度中等，硅泥质胶结	富含岩溶裂隙承压水,含水层厚度4.7～11.50m，富水性不均一，水位标高+90.0m 左右,K=1～12m/d,水质HCO_3-Ca，Mg型，矿化度0.306g/L
			山西组 P_1	小紫泥岩段 10.53		527.98	5.53		泥岩，浅灰-深灰色，局部夹砂质泥岩，产植物化石碎片，含铝质及菱铁质鲕粒具斜层理	
						532.98	5.00		中-细粒砂岩，深灰色，成分以石英为主，含长石及暗色矿物，下部为黑色砂质泥岩	
				香炭砂岩段 18.02		543.95	10.97		泥岩，灰色具鲕状中央黑色泥岩薄层，产植物化石碎片，下部为黑色砂质泥岩	
						551.00	7.05		细粒砂岩，黑灰色，成分以长石石英为主，硅泥质胶结，含菱铁质及泥质包体	
				大占砂岩段 23.38		559.59	8.59		砂质泥岩，黑色，顶部为泥岩，夹缓波状层理薄层砂岩	
						564.59	5.00		细粒砂岩，灰黑色颗粒，成分主要为石英，并含长石及暗色矿物，夹有泥岩条带和二$_3$煤层	
						574.38	9.79		中粒砂岩，灰色，成分以石英为主，长石及暗色矿物次之，层面富集大量白云母片，分选中等，显斜层理硅泥质胶结，石英颗粒从上到下由细变粗，是见二$_1$煤的主要标志	

界	系	统	组	段	最小～最大 / 平均厚度
古生界	二叠系 P	下统 P_1	山西组 P_{1sh}	二$_1$煤层段 25.49	66.01～89.64 / 77.42
古生界	石炭系	上统 C_3	太原组 C_{3t}	上段 25.81；中段 39.02；下段 41.12	91.28～112.90 / 105.96
古生界	C	中统 C_2	本溪组 C_{2b}		3.57～19.05 / 11.73
古生界	奥陶系 O	中统 O_2	马家沟组 O_2		

累计厚度/m	层厚/m
580.65	6.27
585.94	5.29
592.06	6.12
599.87	7.81
605.87	6.00
607.69	1.82
617.88	10.19
625.68	7.80
628.68	3.00
630.18	1.50
639.18	9.00
640.68	1.50
650.30	9.62
651.80	1.50
656.70	4.90
664.70	8.00
666.70	2.00
672.20	5.50
677.20	5.00
683.40	6.20
698.26	14.86
698.78	0.52
702.20	3.42
705.82	3.62
709.75	3.93
717.55	7.80
738.65	21.10

柱状 1:500

岩性描述	水文地质特征
泥岩，黑色，含云母片，有时局部夹薄层砂岩，含鲕状和豆状菱铁质结核及黄铁矿结核，产植物化石	富含岩溶裂隙承压水,含水层厚度4.7～11.50m，富水性不均一，水位标高+90.0m左右,K=1～12m/d,水质HCO_3-Ca，Mg型，矿化度0.306g/L
黑色亚金属光泽，块状，少量粉状，煤层结构简单，部分含夹矸一层	
砂质泥岩，深灰色，上部产植物化石，下部含白云母碎片并含菱铁质，具水平层理，含二$_0$煤层	
中-细粒砂岩，灰色，成分为石英含少量暗色矿物，偶见黄铁矿，分选较好，泥质胶结	
泥岩，深灰色，上部有薄层菱铁质泥岩，性脆坚硬	
灰岩，深灰色，局部产蜓科化石，发育的裂隙被方解石脉充填，灰岩有时分为二层或尖灭被泥岩替代	
砂质泥岩，灰黑色，呈水平层现，含少量白云母片，中下部有一层菱铁质泥岩，裂隙充填方解石脉密度大，底部为薄层泥岩，顶部偶见一$_9$煤层位	
灰岩，深灰色，隐晶质结构，含有燧石具裂隙及方解石脉，含星点状黄铁矿	
泥岩，黑色，含碳质上部夹沙质泥岩含薄煤一层	
L7灰岩，灰色，隐晶质含大量动物化石,下部有时为砂质泥岩或薄煤一层	富含岩溶裂隙承压水，含水层厚度2.14～18.98m，富水性不均一，水位标高+86.89m左右，K=1～15m/d，水质HCO_3-Ca，Mg型，矿化度0.256g/L
砂质泥岩，灰-深灰色，含白云母片及植物化石，显水平层理，底部常为灰褐色中粒砂岩，石英含量增高，并含黄铁矿晶体	
L6灰岩，灰色，致密坚硬，含碎石结核，底部有时为砂质岩或薄煤一样	
砂质泥岩，深灰色，上部为泥岩，中下部为薄层细砂岩，含白云母片及植物化石	
L5灰岩，深灰色，性脆坚硬不稳定，有时相变为泥岩或砂质泥岩	
中-粗粒砂岩，浅灰色，成分以石英为主长石及暗色矿物次之，局部含巨粒分选较差	
砂质泥岩，深灰-灰黑色，顶部为薄层泥岩，中下部夹细砂岩	
L4灰岩，灰黑色，隐晶质含蜓科化石，下部有时为泥岩或薄煤一层	
泥岩，灰黑色，上部为中粒砂岩，成分以石英为主，下部为黑色泥岩，具星点状黄铁矿	
L3灰岩，灰色，致密坚硬含蜓科化石，偶夹薄煤一层	
砂质泥岩，灰-灰黑色，含黄铁矿结核，中间夹有薄层细砂岩	
灰色深灰色隐晶质，致密坚硬，含燧石条带，产大量蜓科化石，具裂隙及小溶洞	
黑色，状块，半亮型，局部可采	
灰岩，局部为块状黑色泥岩，含黄铁矿散晶，灰岩为深灰色含腕足及蜓科化石，17个见煤孔中7孔含夹矸，含矸2层者1孔1层者6孔	
泥岩，黑色，含炭质一$_2$煤为黑色块状	
黑色块状为主，多含夹矸，1层者居多	
灰色，含铝质成分较高的泥岩，砂质泥岩与细砂岩互层，含黄铁矿晶体，偶夹01煤及薄层灰岩顶部有时为铝质泥岩	富含岩溶裂隙承压水，富水性不均一，最大揭露厚度56m，区域资料水位标高+89～116.0m,区内水位58.31m，q=0.01～333L/(s·m),K=1～30m/d,水质HCO_3-Ca，Mg型
铝质泥岩，灰色，局部三氧化二铝含量较高，黄铁矿呈星散状或结核状	
灰岩，灰-灰白色，顶部含有星点黄铁矿和铝质泥岩，并有原生角砾岩，下部灰岩坚硬厚层状，显晶结构，含有方解石脉，本区公北部有出露，据区域资料，原子度大于400m	

图2-2　赵固一矿地层综合柱状图

部为中-粗粒长石、石英砂岩（大占砂岩），层面含较多的白云母碎片及炭质，具交错层理，局部含泥质团块，平均厚9.79m，为主要标志层。上部为深灰色砂质泥岩、泥岩，偶夹不可采的二$_3$煤层。

香炭砂岩段：自香炭砂岩底至小紫泥岩底，含1～2层砂岩，厚18.02m。由中细粒砂岩及砂质泥岩、泥岩组成。下部的香炭砂岩为深灰色细粒长石石英砂岩，含泥质包体与菱铁质团块，厚7.05m。上部的泥岩及砂质泥岩呈灰、黑灰色，产植物叶部化石。

小紫泥岩段：自小紫泥岩底至砂锅窑砂岩底，属本组顶部，厚10.53m。岩性以紫灰色泥岩为主，含铝质及菱铁质假鲕，局部夹深灰色砂质泥岩。

（5）二叠系下统下石盒子组（P_{1x}）：下石盒子组地层直接沉积于下伏山西组地层之上，下起砂锅窑砂岩底，上至基岩剥蚀面，受风化剥蚀，该组地层井田内保留不全。保留厚度0.90～131.00m，平均42.43m，分两个煤段，即三煤段、四煤段。

三煤段：由砂质泥岩、细粒砂岩及鲕状铝质泥岩组成。下部为中～粗粒长石、石英砂岩（砂锅窑砂岩），具交错层理，硅质胶结，为一主要标志层；中部为砂质泥岩，含紫色斑块及菱铁质鲕粒（俗称大紫泥岩，也是标志层之一）；上部为砂质泥岩、泥岩夹细粒砂岩，具波状层理。

四煤段：主要由灰色、浅灰色中细粒砂岩、含紫斑泥岩、砂质泥岩组成，顶部风化，局部裂隙较发育。本煤段下起于四煤底砂岩。

本组与下伏山西组地层整合接触。

（6）第四系、第三系（Q+R）：由坡积、洪积与冲积形成的砂层、砂质黏土、褐红和紫灰及杂色黏土、砾石等组成。井田内钻孔揭露厚度366.68(7202孔)～808.10m(6810孔)，平均480.02m，且由北而南，自西向东逐渐增厚。另外，本井田范围内存在较大的多期活动性断层，而且新生界厚度在断层两侧差别较大。

2.1.2　矿区水文地质条件

赵固矿区所处的焦作煤田地处太行山复背斜隆起带南段东翼，呈地堑、地垒、断块等组合形式，以断裂构造为主。区内寒武系、奥陶系岩溶裂隙发育，为地下水提供了良好的储水空间和径流通道。一般在断裂带附近岩溶裂隙发育，常常形成强富水、导水带，成为焦作煤田内诸矿区、井田的补给边界。大气降水为焦作煤田岩溶裂隙水的主要补给来源，西部、北部裸露山区广泛出露的石灰岩是岩溶地下水良好的补给场所。天然状态下的地下水排泄一部分沿山前冲洪积扇以泉群形式排泄，另一部分向深部循环径流。

本区为大气降水入渗型兼有地表渗漏，地下水动态直接受大气降水支配，雨季地下水位急剧上升，枯季缓慢下降。本区大气降水补给充沛，岩溶地下水交替迅速。

2.1.2.1 主要含水层

本区基岩无出露，均被新生界松散层覆盖。井田主要含水层有第四系含水层、新近系中底部砂砾石含水层、风化带含水层、$二_1$ 煤顶板砂岩含水层、太原组上部灰岩含水层、太原组下部灰岩含水层、中奥陶统灰岩岩溶裂隙含水层，各含水层组情况如下：

（1）中奥陶统灰岩岩溶裂隙含水层：上距 L_2 灰岩一般 19m，本区揭露最大厚度 100.79m，距$二_1$ 煤层一般 118.26～142.58m，稳定水位标高+87.01m，经放水试验求得单位涌水量为 0.3960L/(s·m)，渗透系数为 0.701m/d，是富水程度较强的含水层。正常情况不影响煤层开采，但在断裂沟通情况下对矿井威胁很大。在精查期间实施的 L_8 群孔抽水试验资料显示，12203 孔奥灰水位出现了小幅下降，反映了奥灰与 L_8 灰含水层之间有一定的水力联系。

（2）太原组下段灰岩含水层：由 L_2、L_3 灰岩组成，其中 L_2 灰岩发育厚度由西向东、由浅而深变厚，一般厚 15m，最厚 18.98m，上距$二_1$ 煤层 89.27～104.36m，区内水位标高约+86.2m。邻区抽水资料显示其单位涌水量 1.090L/(s·m)，渗透系数 9.87m/d，为富水性较强的含水层，应为$二_1$ 煤层间接充水含水层。

（3）太原组上段灰岩含水层：主要由 L_9、L_8、L_7 灰岩组成，其中以 L_8 灰岩为主，L_8 灰岩顶上距$二_1$ 煤层 26.0～48.72m，平均 31.94m。含水层厚度一般 8～11.50m，平均 8.75m，岩溶裂隙较发育，连通性较强。水位标高+87.92～+88.85m，单位涌水量 0.5507L/(s·m)，渗透系数为 9.82～10.94m/d，补给条件中等。为$二_1$ 煤层直接充水含水层，该含水层对煤矿安全威胁最大，在基建期间发生多次突水，在 2007 年 10 月老回风巷发生突水，最大突水量达 $630m^3/h$，该突水点水量最终稳定在 $580m^3/h$。

（4）$二_1$ 煤顶板砂岩含水层：主要由$二_1$ 煤顶板大占砂岩和香炭砂岩组成，厚度一般 2.8～67.99m（1～13 层），水位标高+84.51m，据测井资料统计砂岩渗系数 $K<0.12m/d$，一般为 $K=0.0043～0.078m/d$，属弱富水含水层。

（5）风化带含水层：由隐伏出露的各类不同岩层组成，厚度 15～50m，一般 20～35m，除石灰岩风化带含水层富水性较强外，其他砂岩、砂质泥岩等岩层属弱含水层到隔水层，单位涌水量 0.0000826L/(s·m)，局部为弱透水层（$K<1.12m/d$），据区域资料显示其中顶部风化岩层厚度一般 30m 左右，渗透系数 0.2～1.0m/d；未风化砂岩含水层单位涌水量 0.01～1.31L/(s·m)，渗透系数 0.01～0.5m/d。

（6）新近系中底部砂砾石含水层：新近系中部存在 1～3 层中、细砂，水位标高+87.61m，属中等富水含水层。根据勘探钻孔资料显示，新近系底部未见砂砾石层（俗称“底含”）含水层，底部砾石为古河床相，主要分布在勘探区西、东部，由砾石、砂砾石组成，呈半固结状态，其渗透率介于含水与弱透水之间，属弱富水含水层。对矿床影响不大。在其分布区内，当二$_1$煤层上覆残留岩层厚度小于60m的地段，将受此含水层的影响。

（7）第四系含水层：主要由冲积砾石和细至中粗砂组成，级配差别大，多位于中上段。普查区西部山前多为砾卵石层，含水层埋藏较浅，厚度5.0～16.1m，含水丰富；中、东部多为砂、砾石含水层，多层相间分布，含水层厚度11.7～35.95m，富水性较强，水位标高+75.57～+83.64m。

2.1.2.2 主要隔水层

对矿井防治水工作有重要意义的隔水层有：

（1）本溪组铝质泥岩隔水层：指奥陶系含水层上覆的铝质泥岩层、局部薄层砂岩、砂质泥岩层，全区发育，厚度2.80～28.85m，分布连续稳定，具有良好的隔水性能，在厚度较薄或构造部位隔水性会降低。

（2）太原组中段砂泥岩隔水层：指L_4顶至L_7底之间的砂、泥岩、薄层灰岩及薄煤等岩层，该层段总厚度28.94～53.25m，以泥质岩层为主体，总体为隔水层，为太原组上下段灰岩含水层之间的主要隔水层。

（3）二$_1$煤底板砂泥岩隔水层：指二$_1$煤底板至L_8顶板之间的砂泥岩互层段，以泥质类岩层为主，表现为隔水性。该段总厚度为18.37～39.70m，一般厚度28m左右；分布连续稳定，是良好的隔水层段，构造变薄处，隔水性明显降低，如6810、12001等断层切割处。在煤层开采时由于采动扰动破坏作用的影响，将大大降低该隔水层的隔水能力。

（4）新近系泥、泥质隔水层：由一套河湖相沉积的黏土、砂质黏土组成，厚度215～571m，呈半固结状态，隔水性良好，可有效阻隔地表水、浅层地下水对矿井的影响。

2.2 厚松散层深部土体特性

2.2.1 松散层赋存厚度分析

在我国井工开采的矿区中大部分的煤层上覆有松散层，尤其是我国华东、华北和华中地区由于湖相和河流冲积作用形成的松散层较厚[17]。

由表2-1和表2-2可以看出，在上述矿区的煤矿不同程度地存在松散层，松散层厚度从48m到356m不等。根据赵固一矿首采面范围内的钻孔资料显示，其首采面范围内的上覆松散层的厚度平均为440m，该区域属于厚松散层覆盖的特殊地质条件。

表 2-1　淮北矿区部分煤矿的松散层厚度

项　目	杨庄	张庄	刘桥	百善	朱仙庄	桃园	海孜
松散层厚度/m	69	48	120	148	260	242	247

表 2-2　淮南潘集矿区和邢台矿区部分煤矿的松散层厚度

项　目	潘集矿	潘二矿	潘三矿	邢台矿	东庞矿	林南仓矿
松散层厚度/m	356	224	295	210	158	220

2.2.2　松散层土体水文地质特征

赵固一矿地区松散层由含水层和隔水层相互沉积，形成多层复合结构，隔水层主要是以黏性土为主的层组，而含水层是以粗粒土（砂土、砂砾和砾砂）为主的层组，一般前者构成相对隔水的隔水层，后者构成相对透水和含水的含水层。以下为从基岩顶界面，由深到浅的松散层土体的层组情况：

（1）第三系中、底部砂、砾石含水层：在赵固一矿第三系中部存在 1～3 层中、细砂，含承压水，属中等富水含水层。底部砾石为古河床相，其含水层主要由砾石、砂砾石组成，富含泥质或夹有黏土薄层，厚度 2.6～28.70m，其渗透率介于含水与弱透水之间，属弱富水含水层，勘察阶段该含水段钻孔抽水涌水量为 0.198L/(s·m)，渗透系数为 1.05m/d。

（2）第三系泥、泥质隔水层：由一套河湖相沉积的黏土、砂质黏土组成，厚度 215～571m，呈半固结状态，隔水性良好，可阻隔地表水、浅层水对矿床的影响。

（3）第四系砾石、细至中砂含水层：赵固一矿上覆第四系含水层由冲积砾石和细至中粗砂组成，多位于中上段，且级配差别大。含水层埋藏较浅，富水程度较强，是当地工农业生产、生活用水的主含水层。多为砂、砾石含水层，呈多层相间分布，不同含水层埋藏深浅不一，富水性较强。含水层厚度 11.7～35.95m。区内机井简易抽水试验，单井单位涌水量 1～4.38L/(s·m)；本次抽水在旱季，统测水位标高 83.64～75.57m，与九十年代 4 月调查时的水位 85.48～72.36m 接近。水化学类型为 HCO_3-Ca，Mg、$HCO_3 \cdot SO_4$-Ca，Mg 型，矿化度一般小于 0.5g/L，pH 值呈中性。

由此可见，赵固一矿井田范围内的松散层土体呈现出其特殊特征：松散层底部赋存有砂砾夹杂黏土的底部含水层，在煤层开采的过程中会对底部含水层产生影响，另外，由于松散层中间含有非常厚的第三系泥、泥质隔水层，其上部的第四系含水层不会受到采动影响产生疏水。

2.2.3　松散层粒度成分

根据土体的粒度成分能够准确地确定土体的名称，对于划分含水层与隔水层、土体的物理力学性质和渗透率、孔隙随压力的形成和消散都有影响，根据赵固一矿首采面范围内钻孔 6401 的松散层土体成分（见表 2-3），可以看出赵固一矿松散层土体的各性状土的粒度级配差别较大。

表 2-3　钻孔 6401 的黏土、粉砂质黏土样颗分指标统计表

颗粒级别 / 土类别	颗粒百分数/%			
	砾	砂粒	粉粒	粘粒
	10～2mm	2～0.075mm	0.075～0.005mm	<0.005mm
黏土		1.70～19.20	35.9～47.3	38.6～61.7
粉土		35.3	39.4	25.3
粉砂	0.4～5.9	55.7～69.7	19.6～40.3	3.4～19.6
粉质黏土		9.1～29.7	29.2～53.5	31.9～55.6
中砂	1.9	84.7	10.3	3.1

2.2.4　厚松散层土体的工程特性分析

赵固一矿地区松散层土体厚度达到 400m，中间隔水层为河湖相沉积的黏土、砂质黏土组成，厚度 215～571m，呈半固结状态。赵固一矿地区深部黏土层由于其埋藏深、高应力和固结时间长等因素，其深部松散土体的结构和物理力学性质与浅部黏土层有所不同，本书在无现场深部土样的试验的基础上，通过对比类似地质条件下松散层深部土体的土工试验的结果，来分析厚松散层土体的工程特性。

深部土体由于上述原因其孔隙率较小，一般为 0.35 左右，而且与土体的粒度级配有关。龙固矿区深部黏土层的大量土工试验[38] 的基本指标测试结果表明了这种现象，如表 2-4 所示，从表中可以看出松散层的孔隙率和该土层的粒度级配有明显的关系：松散层土体的砂砾颗粒比例越大，黏土颗粒比例越小，其孔隙度就越大，反之，孔隙度越小。说明松散层土体的孔隙度与土体颗粒的大小有关，且底部含水层由于埋藏深度较深，其孔隙度在 31%～37.9% 之间，孔隙度相对较小。

对山东万福井田矿井的深部黏土的多种试验表明[22]：深部黏土的土体特性主要与其物质成分组成和深部高地应力的环境有关，随着黏土成因历史和埋藏深度黏土的固结程度增加，含水量降低，孔隙度减小。并且深部黏土的孔隙度一般在 0.35～0.5 之间。

表 2-4 淮北矿区松散层底部含水层粒度结构与孔隙率的关系

序号	孔隙度/%	粒度组分/%						
		砾	砂			粉砂		黏土
		>2mm	2 ~ 0. 5mm	0. 5 ~ 0. 25mm	0. 25 ~ 0. 1mm	0. 1 ~ 0. 05mm	0. 05 ~ 0. 005mm	<0. 005mm
1	31	4. 3	36. 1	18. 2	10. 8	10. 6	10	10
2	32. 9	2. 4	35. 3	18. 7	13. 9	13. 7	7	9
3	35. 1			9. 3	47. 8	28. 9	6	8
4	36. 7	2	12	36	40	7	2	1
5	37. 9		12. 5	30. 4	34. 7	12. 4	7	3

所以综合分析可知，赵固一矿厚松散层地质条件下，深部土体的工程特性与其组成结构和高应力的地质条件有关，总体上来说，深部黏土的砂砾颗粒比例越大，孔隙度越大，埋藏深度越深其孔隙度相对较小，其孔隙度在 0. 35 ~0. 5 之间。

土的力学性质一般可采用固结试验和土工三轴试验进行测试，固结试验主要获得先期固结压力、压缩指数、膨胀指数等参数，三轴试验主要研究土体的变形特性和土的强度特性，获得土体的内摩擦角和黏聚力。

固结试验通过由小到大的逐级施加竖向压力 p，计算得到各级压力下最终的孔隙比 e，绘制出土的压缩曲线（e-p 曲线或 e-lg$p$ 曲线），如图 2-3 所示，并通过处理得到土的先期固结压力、压缩指数、膨胀指数等参数。

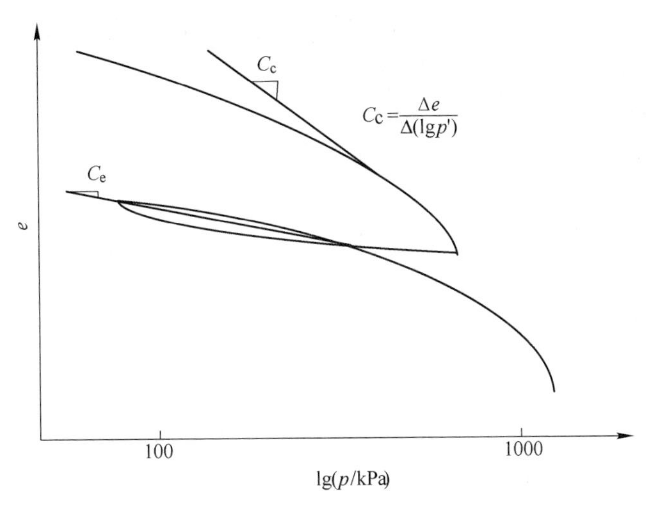

图 2-3 土的压缩曲线（e-lg$p$ 曲线）

在兖州矿区横河煤矿的地质钻孔土样的固结试验数据[21]表明：浅部土的垂直和水平方向的最大有效固结应力相差较大，随着深度的增加两者的差别减小，而且随着埋深的增加，固结系数逐渐减小，说明在厚松散层深部土在高地应力的长期作用下，土体的孔隙度较小，受压力压缩时其固结能力较弱。

对于土工三轴试验来说，由于深部土体的取样难度较大，目前关于深部土体的力学性质的研究比较少，仅见的有许延春[18] 和蒋玉坤[23] 等分别对淮北矿区和龙固矿区的深部土体的试验研究，其试验结果见表2-5和表2-6。

表2-5　土体基本指标测试结果

样品编号	取样深度/m	土体名称	密度/$g \cdot cm^{-3}$	孔隙比	黏聚力/kPa	内摩擦角/(°)
61-1	289.6～309.0	含砂黏土	1.95	0.44	73.49	15.79
61-2	309.0～326.4	黏土	1.95	0.44	98.45	23.51
66	332.2～341.8	黏土	2.06	0.36	96.63	32.51
74	375.9～377.1	粉质黏土	2.18	0.3	118.15	30.73

表2-6　变形模量、黏聚力及内摩擦角和埋深之间的关系

地点	变形模量/MPa	黏聚力/kPa	内摩擦角/(°)
兴隆庄矿	$E = 0.004h^2 - 0.4074h + 24.613$	$c = -0.0033h^2 + 0.9943h + 91.736$	10～30
潘集矿	$E = 0.0003h^2 + 0.1531h + 0.4839$	$c = 0.565h + 17.095$	10～30

注：E为土体变形模量，MPa；c为黏聚力，kPa；h为埋深，m。

从表2-5中可以看出，松散层土体的力学性质与其组成结构有密切的关系，其中黏土和粉质黏土的力学强度明显大于含砂黏土，而且孔隙比也比含砂黏土的小。从表2-6可以看出，松散层土体的力学参数（变形模量、黏聚力）随土层的埋藏深度而增加，说明埋藏越深的土体其受上部载荷作用越大，先期固结程度也大，引起其力学强度越大。深部的土体表现出半固态。但是饱和黏土的土工试验中内摩擦角一般在10°～30°之间，随着深度的增大也是上下波动的。在深部土体的黏聚力由于土体的结构不同差别较大。

2.3　采动对松散层土体的影响

2.3.1　采动影响下土体固结深度

水在土中的状态有两种：结合水和自由水，其中结合水又可分为强结合水和弱结合水。强结合水是水分子受黏土表面的电场作用而被牢固地吸引包围在土颗粒表面周围，这种结合水不传递静水压力，当黏土只含有此类强结合水时表现出坚硬状态；弱结合水是在强结合水外侧，由黏土颗粒表面的电场吸引的水分子构成，也不传递静水压力，不因重力作用而流动。

当土粒之间只含有结合水时，土体表现为固态或半固态，不发生失水固结，

此时液性指数 $I_L \leqslant 0$。因此可根据黏土的液性指数来判断黏土的状态[41]，见表2-7。

表2-7　黏土的状态分类

液性指数	强度	固结量	状态
$I_L \leqslant -0.25$	很大	无	强半固结
$-0.25 < I_L \leqslant 0$	大	很微小	弱半固结
$0 < I_L \leqslant 0.25$	较大	小	硬塑
$0.25 < I_L \leqslant 0.75$	中等	较大	可塑
$0.75 < I_L \leqslant 1$	较小	大	软塑
$I_L > 1$	很小	很大	流塑

研究表明，深部松散层的工程性质特性与浅部松散层的性质有显著的差异，表现在黏土的强度和固结性质的差异，液性指数表示黏土含水量和分界含水量（塑限、液限）之间的关系，所以说用液性指数来表征深部松散层工程特性有代表意义，液性指数越大说明黏土的强度就越小，黏土的固结性就好，反之，当液性指数小于0时，我们认定此类黏土只含结合水，不会发生失水固结。因此我们可以依据液性指数来判定松散层的可固结深度。

学者许延春[18] 对邢台矿、兴隆庄矿、孔庄矿以及上海和安徽黏土的液性指数和埋深的关系进行了详细的研究和总结。

由图2-4可知，液性指数随着埋深的增大而减小，当达到一定的深度时，液性指数小于0，也就是说此时黏土处于固态或者半固态。由于土体的复杂性在不同地区的地质条件其液性指数小于0时，埋深也不尽相同，文献［42］对司马煤矿松散层底部土样探查取样的试验表明，在110～130m的黏土中黏土的液性指数小于0，且土体承载力较大。而且当上海市黏土的埋深达到250m、潘集矿的黏土深度达到150m、海孜矿的黏土深度达到75m、兴隆庄矿的深度达到70m时，黏土的液性指数小于0。

另外，黏土的性质还与沉积年代及沉积环境等因素有关系，不同的沉积历史黏土层的性质差别很大。本区属于太行山山前平原，主要由坡积、洪积和冲积洪积扇裙组成，部分黏土层中夹杂砂砾。而且从表2-3看出在赵固一矿地区各土层级配差别较大。

本书选取了赵固一矿首采面的6401钻孔的松散层段的统计数据，从表2-8看出在浅部赋存着39m的表土层，属于浅部第四系含水层，而且本地区水位较高。临近表土层的黏土层夹杂砂砾，层深88.85～215.85m距离的黏土层中，砂砾层占的比例为36.5%，砂砾含量较大。且下部含有79.5m的黏土层，所以本书将深部黏土层的可固结深度定为200m。

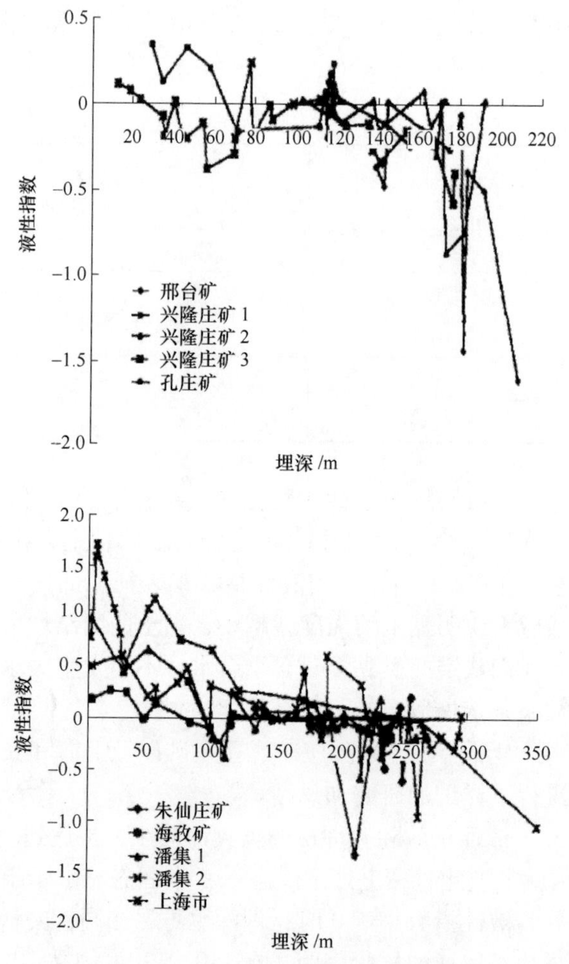

图 2-4　埋深与液性指数的关系图

表 2-8　6401 钻孔的松散层段的统计数据

层序	岩土体名称	层厚/m	层深/m	层序	岩土体名称	层厚/m	层深/m
1	表土	39	39	10	砾石	9. 5	215. 85
2	黏土夹砾石	49. 85	88. 85	11	黏土	79. 5	295. 35
3	黏土	32	120. 85	12	砾石	3. 5	298. 85
4	砾石	17	137. 85	13	黏土	6. 5	305. 35
5	黏土	12	149. 85	14	砾石	2	307. 35
6	砾石	2. 5	152. 35	15	黏土	18. 95	326. 3
7	黏土	27. 5	179. 85	16	砾石	4	330. 3
8	砾石	5	184. 85	17	黏土	14. 55	344. 85
9	黏土	21. 5	206. 35	18	砾石	2	346. 85

续表 2-8

层序	岩土体名称	层厚/m	层深/m	层序	岩土体名称	层厚/m	层深/m
19	黏土	8.5	355.35	26	砾石	6	425.85
20	砾石	3.5	358.85	27	黏土	6	431.85
21	黏土	20	378.85	28	砾石	5.55	437.4
22	砾石	4	382.85	29	黏土	36.55	473.95
23	黏土	22	404.85	30	砾石	4	477.95
24	砾石	3	407.85	31	黏土	41	518.95
25	黏土	12	419.85				

2.3.2 采动对底部含水层的影响

根据《“三下”采煤规程》中导水裂隙带高度经验公式（如表 2-9 所示）计算裂隙带发育高度。首采面煤层顶板基岩段含有较厚的砂岩，总体岩性强度较强，但是基岩段中间夹杂有泥岩且风化带强度较弱，因此以煤层覆岩为中硬（偏坚硬）的类型公式进行计算，公式的修正系数取加号。其计算结果见表 2-9。

表 2-9 首采面导水裂隙带计算结果

覆岩岩性及强度/MPa	导水裂隙带计算公式			
	公式（一）	计算值/m	公式（二）	计算值/m
坚硬，40～80	$H_{li}=\dfrac{100\sum M}{1.2\sum M+2.0}\pm 8.9$	43.6	$H_{li}=30\sqrt{\sum M}+10$	47.4
中硬，20～40	$H_{li}=\dfrac{100\sum M}{1.6\sum M+3.6}\pm 5.6$		$H_{li}=20\sqrt{\sum M}+10$	
软弱，10～20	$H_{li}=\dfrac{100\sum M}{3.1\sum M+5.0}\pm 4.0$		$H_{li}=10\sqrt{\sum M}+5$	
极软弱，<10	$H_{li}=\dfrac{100\sum M}{5.0\sum M+8.0}\pm 3.0$		—	

注：$\sum M$ 为累计采厚，$\sum M<15$m；M 为单层采厚，$M<3$m；±为中误差。

从表 2-9 中可以得出在采高为 3.5m 时，导水裂隙带最小发育高度为 43.6m，最大发育高度为 47.4m。而首采面基岩平均厚度为 48m，可以判定首采面二$_1$ 煤开采后的顶板导水裂隙带的发育高度将会影响到上覆整个基岩段地层，导水裂隙带的发育会导通底部含水层，造成底部含水层水位下降。

当底部含水层受导水裂隙带的水力疏降后，水位下降，含水层土体有效应力增大会造成底部含水层失水固结压缩，所以底部含水层的水位降深决定着含水层失水压缩的程度，本书在没有详细的底部含水层水位观测数据的情况下，利用常用的预计煤矿井下涌水量的“大井法”根据首采面开采期间的顶板水的涌水量推算出底部含水层的水位降。

当首采面煤层开采后，顶板导水裂隙带发育，对顶板承压水造成疏放，顶板的水位下降，顶板承压含水层内承压水由于导水裂隙带的疏水变为无压水，因此可以采用承压转无压的“大井法”计算公式来预测顶板涌水量：

$$Q = 1.366 \cdot K \frac{(2H - M) \cdot M - h^2}{\lg R_0 - \lg r_0} \tag{2-1}$$

$$R_0 = R + r_0 \tag{2-2}$$

$$R = 10gHg\sqrt{K} \tag{2-3}$$

$$r_0 = \alpha \frac{a + b}{4} \tag{2-4}$$

式中 Q——预测的工作面正常涌水量，m^3/d；

K——渗透系数，m/d；

H——疏降水头高度，m；

M——含水层厚度，m；

h——工作面水位标高，m；

α——预测区半径折算系数，1.075；

a——工作面走向长度，m；

b——工作面倾向长度，m；

r_0——工作面折算半径，m；

R——影响半径，m；

R_0——引用半径，m。

当底部含水层疏水时，由于底部含水层周围的补给，将形成稳定的水压降，属于承压水疏水，所以引用水位降深 S，其中 $S=H-h$，单位为 m，则含水层的疏降水量为：

$$Q = 2.732gK \frac{MS}{\lg R_0 - \lg r_0} \tag{2-5}$$

式中符号意义同前。

根据矿井在地质勘察阶段获得的钻孔抽水试验水位，二$_1$煤层顶板砂岩及风化带含水层的水位数据如表 2-10 所示。

表 2-10 顶板层的水位数据

孔号	孔口标高/m	抽水层位	水位标高/m	高出地表/m	抽水日期
井检 1	81.57	$二_1$ 煤顶板	+84.51	2.94	2003.12.27~2004.01.04
主检孔	82.19	$二_1$ 煤顶板	+85.20	3.01	2004.05.17~2004.05.23
风检孔	81.93	$二_1$ 煤顶板	+85.82	3.89	2004.06.17~2004.06.26
东 1 孔	81.79	$二_1$ 煤顶板	+84.04	2.25	2004.03.09~2004.03.18
井检 1	81.57	风化带	+87.61	6.04	2004.01.06~2004.01.13
主检孔	82.19	风化带	+85.94	3.75	2004.06.07~2004.06.11
风检孔	81.93	风化带	+85.22	3.29	2004.07.21~2004.07.24
东 1 孔	81.79	风化带	+86.16	4.37	2004.03.24~2004.03.29

根据赵固一矿首采面水文地质资料以及巷道顶板探查钻孔的资料显示，基岩段主要含水层为顶板砂岩及上部风化带含水层，其中根据井检 1 孔的抽水试验得到的顶板砂岩的渗透系数为 0.00858m/d，厚度约为 6m；而风化带含水层的钻孔试验渗透系数为 0.02m/d，见水厚度约为 10m；底部含水层渗透系数为 1.05m/d，厚度为 25m。煤层上部主要含水层的参数如表 2-11 所示。

表 2-11 煤层上部主要含水层参数

含水层	水位标高/m	渗透系数/$m \cdot d^{-1}$	见水厚度/m
顶板砂岩含水层	+81.87	0.00858	6
风化带含水层	+81.87	0.02	10
底部含水层	+87.14	1.05	25

该工作面的最大涌水量为 12.35m^3/min，正常涌水量为 7.76m^3/min。其中顶板涌水量为 2.71m^3/min，即顶板涌水量为 162.9m^3/h。联合式（2-1）~式（2-5）计算得到赵固一矿首采面推进结束后底部含水层的疏降水头值为 41.5m。

2.4 厚松散层下开采土体固结沉降探讨

2.4.1 土体固结沉降国内外研究现状

土体被认为是三相多孔介质，不饱和土体中包含土体颗粒、空气和水。而饱和土体中不含空气。液相在土中的存在状态，根据土体颗粒核心距离不同可分为结晶水、强结合水、弱结合水、毛细水和重力水等层次结构。这种结构特征反映了土体中水分子的重力作用不断增大以及土体颗粒分子引力作用的减弱。饱和土体受到外部载荷的作用，打破其初始状态后，土中的自由水产生流动，就会发生固结变形。

Terzaghi 在 1920 年创立了有效应力原理，后来 Terzaghi 在大量试验的基础上，通过简单假设建立了饱和土体单向固结微分方程，并在一定的初始条件和边界条件下能够得到其解析解。有效应力原理和单向固结理论被认为开创了现代土力学这门学科。Biot（1941 年）在总结前人研究成果，在多种假设的基础上，运用弹性理论推导出三维 Biot 固结方程[2]，但是在当时该理论的应用受到一定的限制，因为在复杂边界条件下难以通过数学计算得出其解析解。

从固结的发生根源来说，土体固结可由地下水疏降产生以及应力扰动产生。其中地下水疏降固结是指地下含水层失水导致土体有效应力增加而产生的固结压缩现象，主要是考虑含水层疏降后对土层或者构筑物（煤矿立井、斜井井壁）产生的附加应力。而应力扰动产生的固结不但考虑含水层疏降增加的附加应力，而且考虑土层扰动后对含水的孔隙水压力的影响，着重考虑流体和土体的耦合作用。其中国内关于固结沉降研究领域主要为过度的地下水抽取引起的地下水位下降，土体有效应力增加，产生固结效应引起地表沉降；另外在煤矿开采中立井井壁在含水层段由于含水层的失水造成固结压缩，对井壁产生附加应力并造成井壁破坏。

在我国华东地区及上海等城市发生的地面沉降是由地下流体（地下水、天然气和石油）不合理抽取所引起的，对此我国学者进行了深入的研究：学者张廉钧对城市地下水大量开采引起的沉降规律进行了研究[14]；李勇以沈阳地铁 1 号线青年大街站为工程背景，应用 FLAC^{3D} 模拟工程降水引起的地面沉降结果与实际的地面沉降观测值对比发现与实际情况吻合度较高[15]。

李文平[16,17] 用室内高压固结试验机对松散层深部土体进行了试验，得到了底含的压缩系数、压缩模量等有关参数，对深部黏土层和砂砾层的不同失水压缩特征进行了研究，认为只有重力水才能传递静水头，如果地层发生失水变形的话，必须具备孔隙大、含水量高、饱含重力水的性质，只有当黏土层含有重力水时才能发生黏土层向砂层中渗流失水，导致黏土层压缩，产生固结变形，这样就要求发生固结的土层为埋深不大、沉积时间较短的软黏土层。这种现象在我国上海地区的含水层地下水过度抽采引起的地面沉降中得以验证。许延春教授根据黄淮地区（安徽淮南潘集矿、淮北朱仙庄矿、山东兖州兴隆庄矿以及河北邢台煤矿）深部土体的土工试验结果，对深厚含水松散层的物理性质进行了研究，通过深部黏土高压入渗和密实砂土的“双控”三轴压缩试验，分析了厚松散层下深部土体的结构特征，根据实际观测结果建立了松散层压缩量计算模型，对松散含水层疏水导致井壁破坏及防治工程具有重要的指导意义[18]。

针对采矿工程领域，若上覆岩层上方存在较厚的松散层，在煤层开采过后，由于上覆岩层的垮落导致采空区应力场的重新分布，含水层受到扰动，产生压力场的变化，进而也会影响到上覆含水岩土层的固体应力场的变化。如果受扰动的含水层因为采矿活动的导水裂隙带的导通而发生疏降的话，就会导致地表下沉的附加沉降。

我国学者开始对于厚松散层地质条件下开采沉陷的研究始于20世纪80年代，主要是因为在我国华东地区厚松散层条件下，由采矿活动影响下的地表移动盆地表现出下沉系数偏大，一般下沉系数接近1或者超过1。

国内学者狄乾生和华安增教授都对厚含水层地下开采引起的固结现象进行了研究。煤炭科学研究总院的梁庆华等，针对厚松散层地区煤层开采地表下沉系数偏大的现象，运用基于随机介质理论的概率积分法，得到了黏土体失水引起的地表沉降计算公式[27]。

王金庄等[19]提出松散层下开采的双层介质模型，由于松软的结构决定了松散层抗变形能力、抗剪强度低，采动后顶板基岩被认为是松散层沉陷的控制层。利用相似材料模拟试验来研究松散层地表的规律，发现：煤层上方基岩呈梁弯曲形式，而煤层上覆的松散层则表现出整体下沉。松散层和基岩采用不同的力学模型来分析，其中松散层为随机介质力学模型，而基岩变现为均质连续各向同性弹性体模型。

吴侃等[20]设计了相似材料模型实验系统，用来研究开采沉陷在土体中的传递规律。试验结果表明：开采沉陷边界在土体中的传递与土层的性质是密切相关的，认为地表下沉值是由以下几个部分组成的：采动引起的基岩面下沉、土体的流动、地下水位下降有效应力增加引起的下沉以及附加载荷引起的下沉。

特别值得提出的是，隋旺华教授[21]在松散层地区受采动影响下水土耦合与开采沉陷的关系、采动后土体变形规律方面做出了深入的研究，总结了松散层地区的深部土体的物理力学性质、工程地质特性以及水文地质结构，通过大型离心试验机对两组松散层土体模型进行离心试验，证明了开采沉陷过程中土体变形、破坏中流固耦合作用的存在，并系统地阐明了开采沉陷过程中，松散层内部土体的移动变形、超孔隙水压力的消散、土体压缩或膨胀现象。最后基于Biot固结理论运用有限元数值分析的方法，对松散层的空间应力状态进行了分析，而后引入流固耦合的数值模型，研究了厚松散层土体的应力变形以及地表沉陷的情况。

2.4.2 采动影响下松散层土体固结沉降理论

煤层采出后，煤层周围的围岩及其上覆的岩土体的原始应力状态受到破坏，应力重新分布，产生的附加应力将会作用于岩土体，造成岩土体的变形甚至破坏。采场周围岩土体的变形又是引起孔隙水压力变化的起源，所以掌握采动后采场上覆岩土体的应力变形分布规律，对于研究孔隙水压力的产生及消散规律有所帮助[21]。

2.4.2.1　采动影响下采场周围主应力分布规律

随着工作面煤层从开切眼处开始推进，采空区范围的增大，上覆直接顶悬露面积增大，当达到极限跨距时开始垮落。然后，继续推进的话，将会引起老顶的垮落，裂隙带岩层形成的结构，经历“稳定—失稳—再稳定”的周期性变化。在这个过程中，上覆岩土体伴随着出现拉应力、压应力集中或降低的应力传递和由顶板垮落造成的位移传递。其中隋旺华根据弹塑性有限元对采动后上覆岩土体的主应力分布做出了分析。

由图2-5可以看出：若把主应力分为拉应力和压应力的话，采场周围岩土体的应力状体可分为三种状态，即双向受拉、双向受压及同时受拉压。因此，采场周围的应力分布区域可分为双向拉应力区、双向压应力区和拉压应力区三个类型。

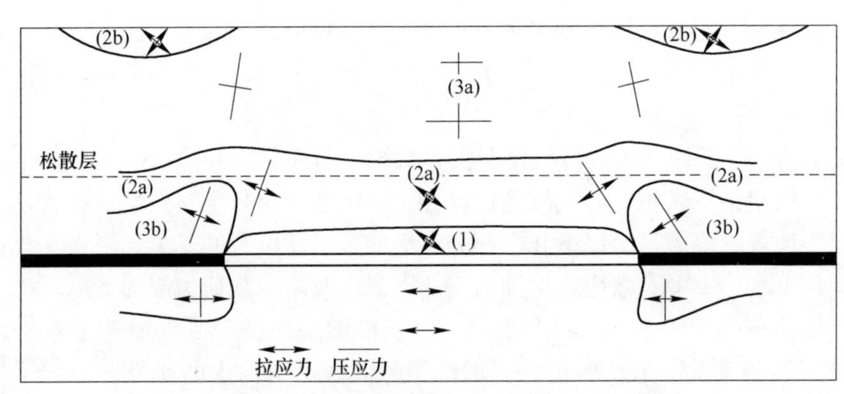

图2-5　厚松散下岩土体受采动影响的主应力分布情况[30]

(1) 双向拉应力区：此区域（采空区上方的（2a）区域）的最大主应力和最小主应力均为拉应力，倾角一般为0°～45°，此区域位于由于岩层冒落、开裂而形成的应力释放区，一般岩土体的抗拉强度远小于其抗压强度，当拉应力大小超过岩土体的抗拉强度时，岩土体将被拉断，从而产生开裂。此区域一般位于采空区上方的直接顶和老顶岩层，如果上覆基岩较薄的话，采空区的土体也将会受到拉应力而破坏。另外在沉陷盆地的边缘——采空区边界的外侧上方附近区域（图中（2b）区域）受到双向拉伸作用，产生地表裂缝，在实际的厚松散层覆盖的地区煤矿开采生产中，该区域产生了其形态以采空区为中心的圆弧或椭圆形状，平行于采空区覆岩陷落边界，裂缝的延伸方向与地表变形主拉伸方向正交。

(2) 双向压应力区：此区域（图中（3a）区域）最大主应力和最小主应力均为压应力。最大主应力在煤柱附近为近铅直方向，在采空区上方岩土层中有的转换为顺层方向，这种现象说明，煤柱侧的应力以竖直应力为主，受到竖直方向的压缩变形，而在采空区上方，虽然土层受到顶板垮落传递的位移而下沉，但是由于受到水平方向上的附加应力，表现为水平方向上受到压缩变形。此区在土层中位于顶部负曲率区压应力区和煤柱上方支承压力区以上波及的土层区域，在岩层中主要位于煤柱上下方支承压力区以及采动影响以外的原岩应力区。

（3）拉压应力区：该区域（煤柱侧（2a）和（3b）区域）最大主应力为压应力，最小主应力为拉应力。煤层开采后，在煤柱侧周围产生比原岩应力高的应力区，即压力增高区，又叫支承压力区。煤柱侧上方的岩土体受到支承压力区的影响，在该区域的表现为最大主应力为压应力，且主应力的方向向采空区偏转，压应力越靠近采空区其应力值越小，在采空区上方表现为拉应力。

2.4.2.2　采动后采场周围的岩土体变形分布规律

采场上覆的岩土体处在上述的三个应力区域，岩土体从初始原岩应力到应力状态重新平衡，这个过程中，岩土体将受到附加应力的作用产生体积变形，下面将从上述的主应力空间分布情况来分析采场周围的岩土体变形情况。采场周围的变形分布区域可分为：采空区上方体积膨胀区、两侧煤柱上方压缩区和上部松散层压缩区。

（1）采空区上方体积膨胀区：采空区上方由于煤层的采出，直接顶和基本顶垮落，垮落的岩块被重新压实，所以采空区底部岩石重新压实，上部岩体竖向拉伸并且在采空区边缘上方岩体受拉严重，使岩体拉伸破坏，总体上采空区周围基岩受拉、体积膨胀。

基岩面以上部分的底部黏土含水层由于夹杂砂砾，颗粒级配较大，造成底部含水层强度较上部半固态黏土层强度较弱。另外，在基岩面以上的部分，松散层没有承载能力，所以在基岩上部的松散层受拉变形比较严重，产生较大的体积应变，对该区域的孔隙水压力分布及土体的孔隙率和渗透系数产生较大的影响。

该区域主要位于图 2-5 的采空区上方（2a）的区域。

（2）两侧煤柱上方压缩区：此区位于图 2-5 的（3b）和煤柱侧的（2a）位置，此区域明显受到支承压力的影响，表现为竖直方向上受到压应力而水平方向上受到拉应力，拉应力的方向向采空区侧偏转，且该区域的岩土体受压缩，越向采空区靠近其压缩作用发展为拉伸作用。

（3）上部松散层压缩区：此区域主要集中在图 2-5 的（3a）区域。这部分区域双向受压，尤其是采动后水平方向上受到附加应力的作用，由于其松散层结构强度较小，在水平位置将会产生压缩。并且越靠近采空区中心位置其压缩值越大。

综上所述，由于采动的影响，采场周围的应力重新分布，其空间应力状态和变形场产生较大的变化，这也是引起松散层土体孔隙率和渗透率变化的原因，再者松散层土体的体积变形也会引起松散层土体内部孔隙水压力的变化。

由采动后松散层的空间主应力、变形规律可知，采动后其空间应力状态和变形场产生较大的变化，根据我们对流固耦合模型的假设，孔隙率和渗透系数受有效应力的影响，与土体的体应变有关的假设，在采动影响下，扰动土体的应力状态和变形必然引起孔隙率的变化。在经典的渗流力学理论中，对渗流过程中土体介质的渗透系数是常量，介质固结引起的土体体积变化不会引起其渗透系数的改变，显然这是不准确的。由于孔隙压力的变化，一方面会引起土体介质有效应力的改变，从而作用于土体使得土体体积变形，孔隙率变化；另一方面在渗流场方面，多孔介质的变形又反作用于流体，使其流体流动和孔隙压力的分布改变。在微观方面，由介质的应力状态改变从而伴随物理特性发生改变（比如孔隙率、岩体渗透率的变化），也就是孔隙率和渗透率对渗流-应力耦合作用的响应过程。

2.4.3 采动影响下基于流固耦合的土体固结沉降的探讨

考虑孔隙水压力变化条件下渗流场和应力场的相互影响，结合采动影响下松散层土体变形的特性，通过理论推导得到孔隙率和渗透系数与体积应变的变化关系。在对扰动条件下应力场与渗流场进行合理理论假设的基础上，建立了采动影响下土体变形场方程：平衡方程（动量守恒方程）、几何方程（应力-位移方程）和本构模型（应力-应变方程）。联立建立了应力场-渗流场耦合的数学模型，对于应力场应提供应力初始条件、位移初始条件、应力边界条件和位移边界条件，对于渗流场方程应提供渗流边界条件。

但是对于大多数的工程案例来说，几何形状复杂而且边界条件多样，再加上方程参数的非线性，所以对于实际问题来说一般难以找到精确的解析解。基于此种原因笔者采用 COMSOML Multiphysics 有限元数值模拟软件对采动影响下土体固结沉降的数学模型进行求解，通过数值模拟来分析厚松散层条件下开采的固结现象，解释此种地质条件下地表沉陷的机理。

分析了赵固一矿在底部含水层疏放的条件下，底部含水层和隔水层的固结压缩对地表下沉的影响，得出以下几点结论：

（1）采动后采空区上方松散层顶部隔水黏土层产生超孔隙水压力，随着超孔隙水压力不断消散，土体有效应力也随之不断增加，并引起土体压缩变形，造成土体压缩，渗透率和孔隙率也随之发生动态变化。在厚松散层条件下由于顶部隔水层的固结效应，土体产生压缩变形加大土体的沉陷下沉值，其特征点的下沉值由 3.31m 增加到 3.34m。

（2）若采动后顶板导水裂隙带未导通底部含水层，底部含水层在开采瞬间由于土体体积应变的原因出现负的超孔隙水压力，并影响到土体的应力的变化，具体表现在负的孔隙水压力逐渐恢复到静水压力，土体在总应力不变的情况下，有效应力逐渐减小，并达到稳定，在此过程伴随着体积的膨胀效应，其特征点的下沉值由 3. 05m 减小到 3. 003m；若采动后顶板导水裂隙带导通底部含水层，则底部含水层失水后，孔隙水压力逐渐降低，有效应力增加，产生压缩变形，增大了底部含水层的下沉，其特征点的下沉值由 3. 06m 增加到 3. 28m。

（3）通过不同情况下的耦合分析得出：在采动影响下底部含水层的失水压缩为 0. 24m，顶部隔水黏土层的孔隙水压力消散引起的压缩固结量为 0. 04m。在厚松散层地质条件下开采，由于土体固结压缩效应引起的赵固一矿首采面附加下沉值为 0. 23m。

通过对数值模拟和实测的地表下沉曲线的对比，得出运用基于流固耦合土体固结理论的数值模拟与实际测量的误差相对较小。验证了在考虑松散层耦合固结效应的情况下对赵固一矿首采面的数值模拟的可靠性，说明流固耦合理论可以作为研究煤矿开采扰动影响下厚松散层土体固结沉降的一种方法。

但是由于对于松散层深部土体孔隙率、渗透系数以及土体力学参数等相关参数缺乏基础研究，以及对于数学模型进行了简化假设，因此限制了对于厚松散层土体固结沉降研究成果的推广应用。因此作为流固耦合作用下厚松散层地区地表沉陷机理方面研究，在接下来的工作中应注重深部松散层土体物理力学参数的基础研究，加强深部土体采动条件下水压监测，为深部采动土体固结沉降以及厚松散层薄基岩综放开采涌水涌砂防治提供基础研究参数。

2. 5 本章小结

本章首先分析了赵固矿区水文地质条件，介绍了赵固矿区基岩上覆松散层的富水及隔水情况；其次从已知文献资料中总结分析厚松散层深部土体的物理力学特性，以开采条件分析了采动对深部土体含水层的影响，由于基岩较薄，采动导水裂隙带波及松散层下部含水层，造成承压水含水层水体疏放以及孔隙压力减小；从土体固结理论分析了深部松散层含水层孔隙水压力降低，土体有效应力增加，产生固结效应引起地表沉降的可能性；最后以土体固结理论，利用软件进行实现土体固结对地表沉陷的影响分析，虽然模拟分析的基础资料不够充实，但是为学者后续研究提供了一种分析方法，证明了厚松散层开采条件下地表沉降的机理。

3　厚松散层下开采地表移动观测及沉陷特征研究

3.1　赵固矿区地表移动观测站

为了保护地表重要建（构）筑物，减少矿山开采损害的影响，有效地减小地下煤炭资源的损失，必须研究地表开采引起的地表移动变形规律。目前，研究地表移动变形最直接有效的方法是实地观测，通过观测获得大量的实测资料，对实测资料进行综合分析，得到厚松散层下开采地表移动变形规律，为矿区地表建筑物保护、村庄搬迁以及水利设施保护提供参考依据。因此焦煤集团在赵固一矿和赵固二矿首采面布置了地表移动观测站，在工作面开采前后及过程中进行观测工作，为研究地表移动变形提供了可靠的数据。

3.1.1　赵固一矿 11011 工作面及地表观测线

为了分析总结赵固矿区厚松散层条件下地表移动规律，在赵固一矿 11011 首采工作面开采过程中共布置了三条观测线，由于部分观测线观测点后期遭到损坏，沿辉吴公路布置 55 个观测点的倾向观测线得到了工作面开采过程中完整的观测数据，因此本书主要分析该观测线数据。地表观测线与井下工作面的相对位置关系如图 3-1 所示。

赵固一矿地表倾向观测线沿辉吴公路布置了 55 个观测点。11011 工作面在 2008 年 10 月开始回采，并于 2009 年 10 月回采工作结束，观测线首次测量为 2008 年 10 月 12 日，到 2009 年 10 月 30 日测量工作结束，期间共观测了 16 次。其第一次和最终的观测数据见表 3-1。

赵固一矿 11011 工作面地面标高+80 ~ +83m，工作面开采上限标高-490m，工作面下限标高-496m，平均采深 573m，工作面推进长度 1400m，倾斜长度 180m，平均采高 3m，倾角 2° ~6°，平均推进速度 3. 6m/d。2008 年 10 月开始回采到 2009 年 10 月结束，根据 6401 钻孔资料分析，11011 工作面区域上覆地层第四系松散层层厚 520m，主要由表土、粗砂、中砂、细砂、粉砂、黏土和砂砾组成，基岩岩厚约 53m，主要由粉砂岩、细砂岩、中砂岩、粗砂岩和部分黏土岩组成。工作面采煤方法为综采，全部陷落法管理顶板。

表 3-1 赵固一矿 11011 工作面地表观测站倾向观测线观测结果

测点	相邻两段平均长度/m	第一次观测值/m	第十六次观测值/m	测点	相邻两段平均长度/m	第一次观测值/m	第十六次观测值/m
1		82. 412	82. 386	29	24. 97	81. 948	79. 602
2	38. 51	82. 336	82. 303	30	24. 17	81. 978	79. 733
3	25. 58	82. 303	82. 300	31	25. 94	81. 810	79. 482
4	25. 22	82. 354	82. 324	32	24. 81	81. 982	80. 154
5	25. 38	82. 362	82. 341	33	24. 78	81. 884	80. 339
6	25. 07	82. 356	82. 318	34	25. 02	81. 836	80. 569
7	25. 17	82. 306	82. 259	35	25. 01	81. 725	80. 697
8	25. 15	82. 211	82. 152	36	24. 85	81. 679	80. 849
9	25. 17	82. 340	82. 275	37	25. 01	81. 544	80. 802
10	25. 04	82. 214	82. 141	38	24. 74	81. 405	80. 755
11	25. 2	82. 056	81. 966	39	24. 93	81. 452	80. 900
12	25. 11	82. 050	81. 961	40	24. 98	81. 746	81. 027
13	25. 08	81. 996	81. 887	41	25. 01	81. 480	80. 984
14	25. 38	81. 882	81. 741	42	24. 92	81. 474	80. 992
15	25. 11	81. 887	81. 708	43	25. 24	81. 478	80. 988
16	25. 1	81. 884	81. 631	44	24. 89	81. 467	80. 952
17	25. 14	81. 808	81. 479	45	25. 13	81. 626	81. 107
18	25. 25	81. 702	81. 230	46	24. 92	81. 524	80. 946
19	25. 1	81. 744	81. 100	47	25. 48	81. 578	80. 968
20	25. 23	81. 818	81. 076	48	24. 61	81. 582	81. 051
21	25. 07	81. 911	80. 927	49	25. 1	81. 601	80. 938
22	25. 21	81. 861	80. 595	50	24. 88	81. 614	80. 959
23	24. 82	81. 920	80. 364	51	24. 89	81. 466	80. 821
24	25. 05	81. 888	80. 058	52	25. 06	81. 382	80. 851
25	25. 05	81. 859	79. 793	53	25. 01	81. 410	80. 720
26	25. 04	81. 875	79. 634	54	25. 05	81. 383	80. 870
27	25. 04	81. 998	79. 632	55	24. 87	81. 265	80. 829
28	24. 97	81. 956	79. 579				

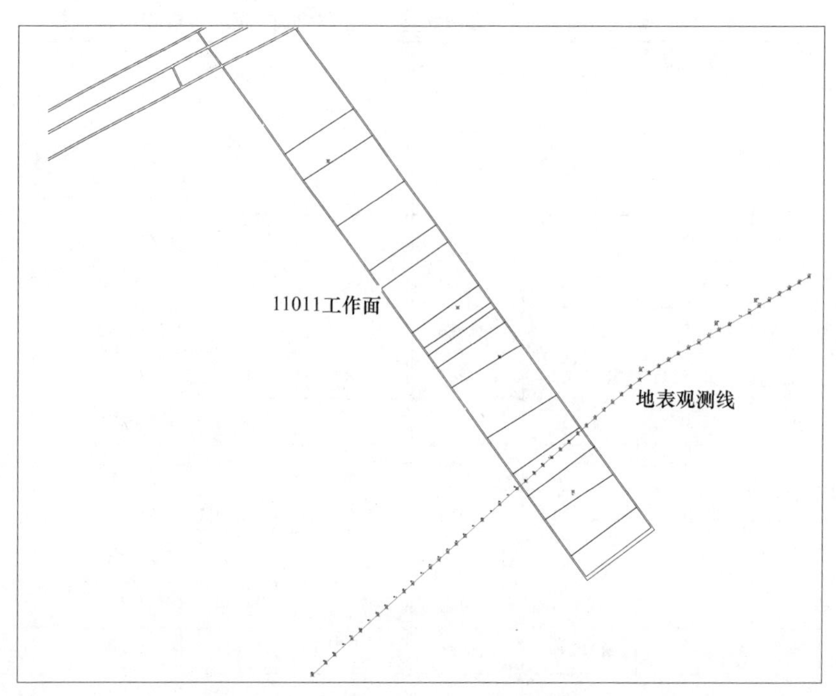

图 3-1　赵固一矿 11011 工作面地面观测站布置图

3.1.2　赵固二矿 11011 工作面及地表观测线

为了分析总结本矿区厚松散层条件下地表移动规律，赵固二矿在 11011 首采工作面上方地表布置地表移动观测站。由于赵固二矿井田范围内村庄众多，以及工厂和河流分布较广，导致观测线并不能沿工作面的走向主断面和倾向主断面进行布置，只能根据地表的实际情况将观测线布置成折线形状。地表移动观测站与工作面的相对位置如图 3-2 所示。其中，走向观测线Ⅰ布置 70 个观测点，倾向观测线Ⅱ布置 68 个观测点。11011 工作面于 2010 年 11 月 7 日开始回采，2012 年 2 月回采结束。

赵固二矿 11011 工作面为该矿首采工作面，位于一盘区上山部分中部，采面切眼东南 100m 是 F_{18} 断层，西北侧是一盘区大巷。西南侧是未开采的 11020 综采工作面，东北侧是未采的 11030 工作面。工作面走向长度为 2266.9m，倾向长度 180m，煤层平均厚度为 6.16m，倾角 5.5°，采用分层开采，开采厚度为 3.5m。该工作面范围内钻孔资料显示松散层的厚度为 611.80m，由含水层和隔水层相互沉积，形成多层复合结构。松散层组成如图 3-3 所示。

选取 11011 工作面两个倾向观测线的 48 个有效观测点。从 2011 年 10 月开始对 48 个观测点进行观测，到 2012 年 3 月观测结束，其间共计观测 20 次。将倾

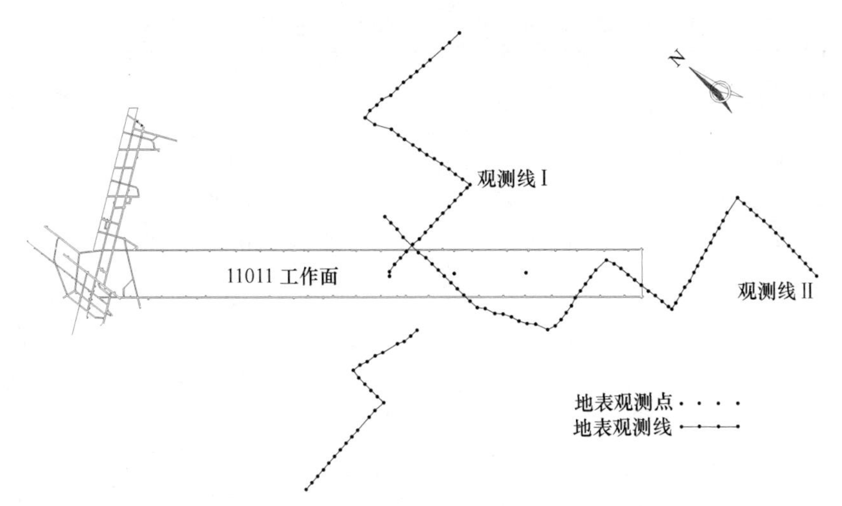

图 3-2 赵固二矿 11011 工作面地表观测站布置平面图

序号	图例	岩性	层厚 /m	累积厚度 /m	岩性描述
1		黄土	53.68	53.68	上部灰黄色，下部灰褐色
2		砂质黏土	25.30	79.16	黄灰色，含钙质结核，中间夹薄层细砂
3		黏土	27.84	107.00	浅灰色，含大量钙质结核，塑性较好
4		黏土	43.70	150.70	棕褐色，塑性较好，底部呈半固结状态
5		细砂与黏土互层	35.80	186.50	浅灰色，细砂成分以石英为主，分选性差，黏土含少量钙质结核
6		黏土	20.20	206.70	灰绿色，塑性较大，顶部含砂质
7		细砂与黏土互层	58.60	265.30	棕褐色，塑性较大，含钙质结核
8		黏土	45.75	311.05	含少量砂质，塑性较好，半固结状态
9		砾石与黏土互层	33.40	344.45	砾石以石英为主，砾径 5 ～ 60mm
10		黏土	56.60	401.05	棕褐色，塑性较好，具滑面
11		砂质黏土	71.20	472.25	夹细砂，呈半固结状态，含少量钙质结核
12		黏土	49.20	521.45	黄灰色，呈半固结状态，下部含少量砂质
13		砾石与黏土互层	54.20	575.65	棕色，含浅灰色钙质结核
14		黏土	36.15	611.80	上部夹少量砾石，砾径 5 ～ 40mm

图 3-3 赵固二矿 11011 工作面上部松散层组成

向观测线上各点投影到主断面上相应位置，得到地表倾向主断面上观测点沉降数据，如表 3-2 所示。

表 3-2　赵固二矿 11011 工作面倾向主断面观测点数据

测点标号	到采空区中心距离/m	下沉值/mm	测点标号	到采空区中心距离/m	下沉值/mm
Ⅰ-1	-796.821	27	Ⅰ-25	136.618	864
Ⅰ-2	-741.628	2	Ⅰ-26	143.273	626
Ⅰ-3	-674.223	11	Ⅰ-27	162.405	729
Ⅰ-4	-565.572	82	Ⅰ-28	175.259	484
Ⅰ-5	-539.377	78	Ⅰ-29	186.444	613
Ⅰ-6	-510.613	131	Ⅰ-30	200.047	277
Ⅰ-7	-484.989	166	Ⅰ-31	213.730	422
Ⅰ-8	-435.848	137	Ⅰ-32	224.855	269
Ⅰ-9	-347.155	217	Ⅰ-33	237.864	373
Ⅰ-10	-324.240	287	Ⅰ-34	264.308	311
Ⅰ-11	-311.026	307	Ⅰ-35	392.213	93
Ⅰ-12	-275.699	395	Ⅰ-36	413.120	48
Ⅰ-13	-266.643	420	Ⅰ-37	433.789	30
Ⅰ-14	-222.143	671	Ⅰ-38	453.785	96
Ⅰ-15	-60.123	1633	Ⅰ-39	469.479	70
Ⅰ-16	-35.917	1654	Ⅰ-40	489.298	76
Ⅰ-17	-9.795	1578	Ⅰ-41	508.020	69
Ⅰ-18	0.128	1805	Ⅰ-42	530.163	20
Ⅰ-19	14.110	1387	Ⅰ-43	547.105	79
Ⅰ-20	36.650	1329	Ⅰ-44	570.020	79
Ⅰ-21	62.378	1334	Ⅰ-45	730.313	63
Ⅰ-22	62.675	1222	Ⅰ-46	776.145	19
Ⅰ-23	83.067	1087	Ⅰ-47	821.020	27
Ⅰ-24	115.696	1046	Ⅰ-48	843.742	25

由于地表观测线根据实际情况布置成折线形状，因此必须将直接观测的走向观测资料换算到走向主断面上，才能用来分析移动变形规律。文献［24］给出了对于矩形采区的地表移动盆地任意点的下沉值与主断面的下沉值有如下关系：

$$W(x,\ y)=\frac{1}{W_0}W(x)W(y) \tag{3-1}$$

式中　W_0——下沉盆地的最大下沉值；

$W(x,\ y)$——下沉盆地内坐标为 x，y 点的下沉值；

$W(x)$ ——走向主断面上坐标为 x 点的下沉值；

$W(y)$ ——倾向主断面上坐标为 y 点的下沉值。

因此可按下述二式将折线或斜线上观测点的下沉值 $W(x, y)$ 换算为主断面上对应点的下沉值 $W(x)$ 或 $W(y)$：

$$W(x) = \frac{W_0}{W(y)} W(x, y) \tag{3-2}$$

$$W(y) = \frac{W_0}{W(x)} W(x, y) \tag{3-3}$$

根据倾向观测线观测数据的分析结果，确定走向主断面的位置位于采空区中心偏下山方向 36m 处，并选取采空区上方附近 31 个观测点，运用在倾向主断面上拟合出的下沉公式（具体步骤见下文），计算得出 $W(y)$ 值，再运用公式（3-2）计算出 $W(x)$ 值，最终得到走向主断面上 2010. 11. 28 ~ 2011. 10. 03 期间共计 17 次观测数据。得到工作面走向主断面上的下沉数据，具体见表 3-3。

表 3-3　赵固二矿 11011 工作面走向主断面观测点换算值

测点标号	实测下沉值/mm	转化后下沉值	测点标号	实测下沉值/mm	转化后下沉值
Ⅱ-1	4	4	Ⅱ-18	1139	1325
Ⅱ-2	2	29	Ⅱ-19	1228	1505
Ⅱ-3	50	402	Ⅱ-20	1472	1568
Ⅱ-4	71	181	Ⅱ-21	1533	1552
Ⅱ-5	64	124	Ⅱ-22	1484	1525
Ⅱ-6	152	195	Ⅱ-23	1189	1464
Ⅱ-7	174	180	Ⅱ-24	830	1403
Ⅱ-8	194	194	Ⅱ-25	632	1460
Ⅱ-9	262	279	Ⅱ-26	825	1561
Ⅱ-10	259	341	Ⅱ-27	1400	1451
Ⅱ-11	344	396	Ⅱ-28	1022	1617
Ⅱ-12	420	451	Ⅱ-29	1118	1699
Ⅱ-13	660	679	Ⅱ-30	1300	1898
Ⅱ-14	531	533	Ⅱ-31	1565	1662
Ⅱ-15	779	781	Ⅱ-32	1633	1678
Ⅱ-16	903	936	Ⅱ-33	1654	1633
Ⅱ-17	1055	1293	Ⅱ-34	1578	1606

3.2 厚松散层下开采概率积分法参数求取

地表移动与变形的预计，是根据已知的地质条件和开采技术条件，在开采之前对地表可能产生的移动和变形进行计算，以便对地表移动和变形的大小和范围以及对地表构筑物造成的损害进行估计。依据预计方法建立途径的不同，可以分为经验方法、理论模型方法及影响函数法。影响函数法是开采沉陷预计最重要的预计方法之一，它是介于经验方法和理论模拟方法之间的一种方法。其基本原理是根据理论研究确定微小单元开采对岩层或地表的影响函数，把整个煤层开采对地表和岩层移动的影响看作所有微元开采影响之和，据此计算整个煤层开采对覆岩或地表产生的移动与变形。概率积分法作为影响函数法中典型的预计方法，目前成为我国较为成熟、应用最为广泛的预计方法之一[25]。

概率积分法，又称随机介质理论法，最早是由波兰学者李特威尼申于20世纪50年代引入岩层及地表移动的研究，我国学者刘宝琛、廖国华等将概率积分法全面引入我国，至今已成为预计开采沉陷的主要方法。该理论认为矿山岩体中分布着许多原生的节理、裂隙和断裂等弱面，可将采空区上覆岩体看成是一种松散的介质。将整个开采区域分解为无穷多个无限小单元的开采，把微单元开采引起的地表移动看作是随机事件，用概率积分来表示微小单元开采引起地表移动变形的概率预计公式，计算得到单元下沉盆地下沉曲线为正态分布的概率密度曲线，从而叠加计算出整个开采空间引起的地表移动变形。

3.2.1 开采沉陷概率积分法参数的识别

由于实际开采沉陷只在特定的时间内发生，若不能在此时间内及时观测到实际开采的沉陷数据，此数据将无法在事后补测。而且野外观测面临着众多问题，比如工农关系、观测站及观测费用、地面环境条件等方面限制，造成煤矿现场观测站建设较少。如果在没有地面观测数据的情况下，必须通过其他手段获取地表移动参数，目前工程实践中常用的确定地表及岩体移动基本参数的方法有：回归分析法、工程类比法、反分析方法，其中回归分析法在实际工程中应用较多。

回归分析法，是利用数理统计原理，对大量的统计数据进行数学处理，并确定因变量与某些自变量之间的相关关系，建立一个相关性较好的回归方程，并加以推广，用于预测因变量的分析方法。

我国自开展“三下”采煤试验研究以来，曾建立了200多个地表移动观测站对包括概率积分法参数的地表移动参数进行实测，为进一步的理论研究积累了大量的资料，这些实测数据通过曲线拟合可以得到概率积分参数，然后利用相似理论的方程分析法、稳健估计理论、岩石力学理论以及数理统计方法等建立概率积分法参数与地质采矿条件的关系[26]。

概率积分法参数主要有下沉系数（q）、水平移动系数（b）、拐点偏移距（S）、主要影响角正切值（$\tan\beta$），这些参数与上覆岩层岩性、采深、采厚、采动程度、采动次数、表土层厚度、采煤方法和顶板管理方法等因素有关。

在现有观测数据的基础上，针对特定地质条件下的煤层开采，进行概率积分预计参数的求取，可定量地研究采动引起的岩层与地表移动时空分布规律，另外还可以从实践上指导该矿以及邻近煤矿的“三下”开采工作。目前针对开采沉陷预计模型的参数求解的方法主要有：曲线拟合法、空间问题求参法、正交试验设计求参法、模式法等。但曲线拟合法以其操作简单且精确度高等优点，被众多学者应用。

曲线拟合法求取参数之前，必须首先设定拟合函数 $y=f(X,\ B)$，其中自变量为 X，待定参数为 B。根据实测资料中关于（X，y）的 n 对观测值（X_k，y_k）（k 为观测线上有效观测点的点号），自变量 X 取走向观测线与倾向观测线交点为零点，使得：

$$Q = \sum_{k=1}^{1} [y_k - f(X_k,\ B)]^2 \rightarrow \min \tag{3-4}$$

式中，Q 为残差平方和。

然后基于地表移动观测站实测资料，按照最小二乘原理，选择一组参数 B，使得拟合函数值与实测值最为接近，即两者的偏差平方和最小。

利用 Origin 数据处理软件，将观测站实测数据代入概率积分预计公式进行拟合计算，得出走向和倾向方向地表移动变形拟合曲线。

3.2.2 厚松散层下开采概率积分法参数求取

3.2.2.1 赵固一矿 11011 工作面地表观测数据拟合

根据赵固一矿 11011 工作面地质和开采资料可知：工作面平均采深 573m，工作面推进长度 1400m，倾向长度 180m。因此可以判断该工作面在走向方向上属于超充分采动，而在倾向方向上属于非充分采动。利用 Origin 8.5 软件将有限开采倾向主断面地表移动变形预计公式进行编辑（见公式（3-5）），根据表 3-1 中地表观测站倾向观测线 55 个观测点的实测数据，进行曲线拟合。

$$w^0(y) = \frac{w_0}{2}\left[\mathrm{erf}\left(\frac{\sqrt{\pi}}{r_1}x - s_1\right) + 1\right] - \frac{w_0}{2}\left\{\mathrm{erf}\left[\frac{\sqrt{\pi}}{r_2}(x - 180 + S_1 + S_2)\right] + 1\right\} \tag{3-5}$$

式中　$w^0(y)$ ——倾向主断面地表下沉值，m；

w_0——该地质条件下地表最大下沉值，m；

r_1，r_2——倾向主断面上山、下山主要影响半径，m；

S_1，S_2——倾向主断面上山、下山拐点偏移距，m。

通过倾向的下沉曲线拟合得出了拟合参数，拟合曲线如图 3-4 所示。确定概率积分法预计参数，如表 3-4 所示。

表 3-4　赵固一矿 11011 工作面地表概论积分法参数

下沉系数 q	主要影响角正切 $\tan\beta$	拐点偏移距 S/m	开采影响传播角 θ/(°)
0.93	2.33	$-0.05H_0$	87.0

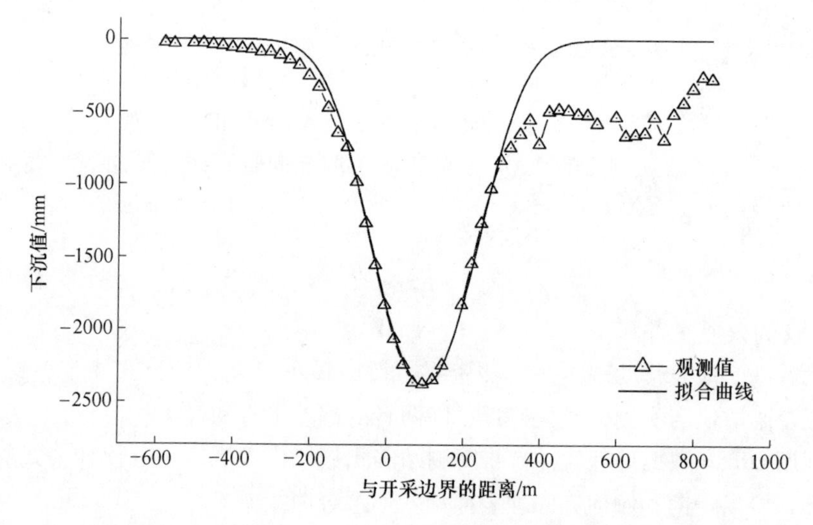

图 3-4　赵固一矿 11011 工作面倾向主断面拟合曲线

3.2.2.2　赵固二矿 11011 工作面地表观测数据拟合

根据前述章节可知：赵固二矿 11011 工作面走向长度为 2266.9m，倾向长度 180m，煤层平均厚度为 6.16m，倾角 5.5°，采用分层开采，开采厚度为 3.5m。该工作面平均埋深为 690m。因此可以判断该工作面在走向方向上属于超充分采动，而在倾向方向上属于非充分采动。利用 Origin 8.5 软件将有限开采倾向主断面地表移动变形预计公式进行编辑（见式（3-5）），根据表 3-2 中地表观测站倾向观测线 48 个观测点的实测数据，进行曲线拟合。

通过倾向的下沉曲线拟合得出了拟合参数，拟合曲线如图 3-5 所示。确定概率积分法预计参数，如表 3-5 所示。

表 3-5 赵固二矿 11011 工作面倾向观测线概论积分法参数

下沉系数 q	主要影响角正切 $\tan\beta$	拐点偏移距 S/m	开采影响传播角 θ/(°)
0.91	2.16	$-0.03H_0$	87.3

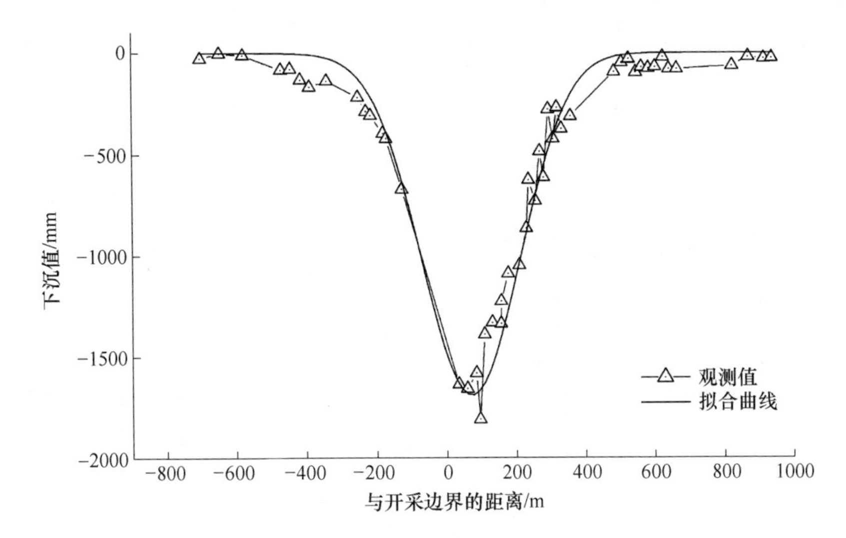

图 3-5 赵固二矿 11011 工作面倾向主断面拟合曲线

对于该工作面上覆下沉盆地走向主断面的下沉数据来说，式（3-1）给出了对于矩形采区的地表移动盆地任意点下沉值与主断面下沉值的关系，因此运用在倾向主断面上拟合出的下沉公式，计算得出该工作面倾向主断面的下沉函数 $W(y)$ 值，再运用式（3-2），计算出 $W(x)$ 值，如表 3-3 所示。

利用 Origin 8.5 软件，编辑走向主断面下沉曲线函数（见式（3-6）），对该工作面地表走向观测线的 34 个观测点的实测数据进行曲线拟合，拟合曲线如图 3-6 所示。确定概率积分法预计参数，如表 3-6 所示。

$$w(x) = \frac{W_y}{2}\left[\mathrm{erf}\left(\frac{\sqrt{\pi}}{r}(x - S_0)\right) + 1\right] \tag{3-6}$$

式中 $w(x)$ ——走向主断面地表下沉值，m；

W_y——地表走向主断面最大下沉值，m；

r——走向主断面主要影响半径，m；

S_0——走向主断面拐点偏移距，m。

表 3-6 赵固二矿 11011 工作面走向主断面概论积分法参数

下沉系数 q	主要影响角正切 $\tan\beta$	拐点偏移距 S/m	开采影响传播角 θ/(°)
0.91	2.3	0	87.3

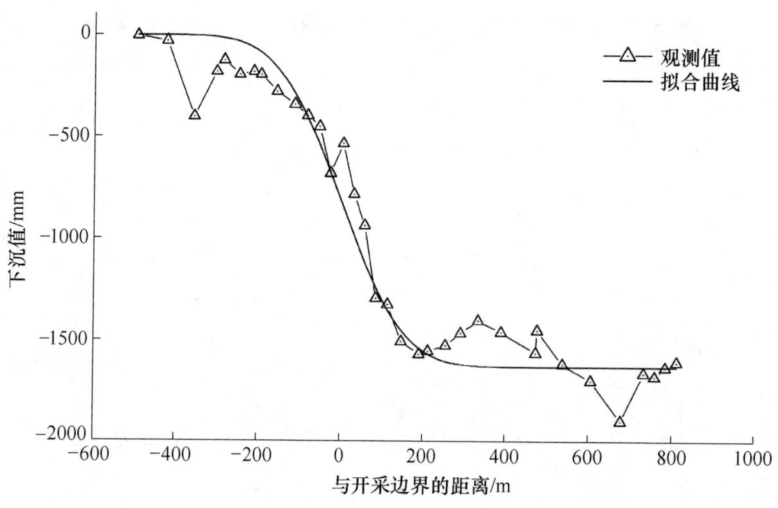

图 3-6　赵固二矿 11011 工作面走向主断面拟合曲线

结合地表走向和倾向观测线特征点及曲线拟合求取预计参数的方法，综合确定出赵固二矿 11011 工作面地表概率积分预计参数，如表 3-7 所示。

表 3-7　赵固二矿 11011 工作面地表概论积分法参数

下沉系数 q	主要影响角正切 $\tan\beta$	拐点偏移距 S/m	开采影响传播角 θ/(°)
0.91	2.25	$-0.015H_0$	87.3

3.2.2.3　赵固地区厚松散层下开采地表概论积分法预计参数分析

通过对赵固一矿 11011 工作面倾向观测线、赵固二矿 11011 工作面走向和倾向观测线的观测资料分析，利用概论积分法函数对上述观测点的下沉值进行曲线拟合，得到该地区概论积分法预计参数。通过对比发现该地区概论积分法预计参数与一般地质采矿条件下的参数有很大的差别，体现了厚松散层下开采地表移动变形所特有的规律：

（1）下沉系数较大。大多数厚松散层矿区的下沉系数接近或大于 1.0，与上覆岩层的性质、采煤方法、顶板管理方法及采动性质等因素有关，具体数值因岩层和土层的结构和土层性质的不同而表现不同。实测资料统计结果显示，部分矿区在松散层下开采下沉系数为 0.85～1.20。根据赵固一矿和赵固二矿地表观测数据得到的下沉系数分别为 0.93 和 0.91，分析两个矿煤层上部基岩与第三、四系松散层的组成可知：赵固一矿煤层上部基岩厚度为 53m，第三、四系松散层厚度为 520m，松散层厚度占比为 90.75%；赵固二矿煤层上部基岩厚度为 78.2m，第三、四系松散层厚度为 611.8m，松散层厚度占比为 88.67%。因此可以初步判断上覆岩土层中松散层厚度占比越大，其下沉系数就越大。分析造成下沉系数偏大的原因，认为：一方面，该地区松散层厚度占上覆岩土层厚度比例大，松散层本身岩性较软，在开采扰动影响下松散层自身不易产生离层裂缝，发生塑性变形导致整体下沉的现象；另一方面，采动后顶板导水裂隙带导通底部含水层，则底部含水层失水后，孔隙水压力逐渐降低，有效应力增加，产生土体固结压缩效应，引起的采动附加下沉。

（2）主要影响角正切值偏小。在概率积分法中 $\tan\beta$ 是反映地表影响范围的指标，是指工作面平均开采深度与主要影响半径的比值，是反映地表移动和变形范围的主要参数，主要取决于覆岩岩性。赵固一矿 11011 工作面和赵固二矿 11011 工作面地表主要影响角正切值分别为 2. 33 和 2. 25。造成上述规律的主要原因在于松散层土体本身强度较低，具有一定的流变性，在采动作用的扰动下，地表影响范围增大。

（3）拐点偏移距异常。拐点偏移距主要表征采空区顶板的悬臂作用，造成概论积分法计算边界位于开采边界向采空区偏移一定距离的位置。拐点偏移距的大小主要由采空区顶板岩性有关，顶板越坚硬，岩层移动后形成的悬臂效应就越强，拐点偏移距就越大，反之则小。从表 3-4 和表 3-7 可知，由于松散层厚度占上覆岩土层的比例较大，松散层土体强度较低，在采动影响下作为载荷作用于下部基岩，使得煤层上部顶板在开采边界处破坏严重，顶板悬臂效应大大减小。另外，采动岩体运动导致矿山压力重新分布，应力拱的压应力轴线在开采走向和倾向上的垂直平面内表现为抛物线形状，拱脚为采场支承压力峰值位置，压应力轴线则贯穿于上覆岩层的采动压力的峰值位置，具体如图 3-7 所示。对于基岩岩体来说，采动压力对于岩体的压缩变形有限，但是由于松散层土体本身强度较低，

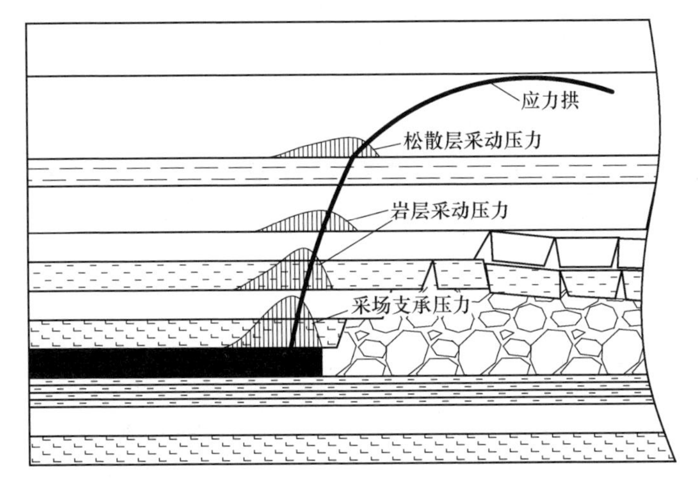

图 3-7　采动扰动后上覆岩土层采动压力及应力拱示意图

松散层含水层失水孔隙水压力降低，在采动压力作用下，应力拱轴线周围松散层土体有效应力增加，产生土体固结压缩变形，增加了地表移动盆地在开采边界处的下沉，引起拐点偏移距减小或者为负值。

3.3 厚松散层下开采地表沉陷特征

赵固地区厚松散层地质条件下，受采动影响地表移动变形呈现出特殊的规律，其地表下沉系数大、下沉速度大，采动影响剧烈。地表沉陷较严重的情况下，潜水溢出地表，造成大量的农田淹没荒芜，桥梁和建筑物破坏，如图3-8所示。对地表下沉的移动变形规律的总结，有助于指导此种特殊地质条件下建筑物的保护、地表沉陷预计。

图3-8 赵固矿区地表开采沉陷及积水情况

3.3.1 地表移动和变形特征分析

以赵固一矿11011工作面地表倾向观测线观测数据为例，选取2008年12月14日到2009年10月30日期间的8次观测数据，绘制出不同时刻的地表下沉曲线，如图3-9所示。

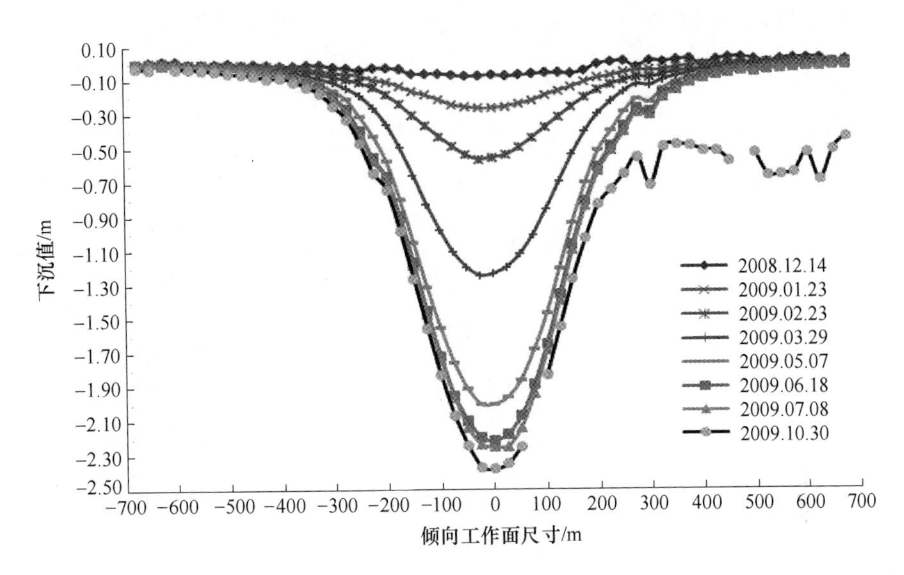

图 3-9 赵固一矿 11011 工作面地表倾向观测线
不同时间的地表下沉曲线

从图 3-9 所示实测工作面倾向的地表下沉曲线可以看出：随着工作面的推进，观测点的地表下沉值以及地表下沉的范围越来越大，2008 年 12 月 14 日的观测下沉值和 2009 年 1 月 23 日的观测下沉值变化相对较小，从 2009 年 1 月 23 日以后，观测线中心点的地表下沉值变化较快，地表下沉速度快，下沉剧烈且地表下沉的范围增加得比较明显。2009 年 5 月 7 日以后的 4 次观测期间，地表下沉的趋势减小，地表下沉进入衰退阶段，下沉程度较小。

分析认为，在煤层从开切眼逐步推进过程中，随着直接顶和老顶的相继垮落，采空区上覆的松散层土体产生弯曲下沉，随着工作面的继续推进，造成地表下沉逐渐增大，在该厚松散层的地质条件下，由于上覆较厚的松散层土体几乎无承载能力，造成 2009 年 1 月 23 日到 2009 年 5 月 7 日这 3 次观测期间，地表移动下沉值增加很快，地表下沉剧烈；而后 4 次的观测地表下沉数据虽然变化不大，但是下沉值一直持续减小。

赵固一矿 11011 工作面为该矿首采面，根据地质和采矿条件进行计算，该工作面走向为充分采动，倾向采动系数为 0. 31，为非充分采动，但是从图 3-9 中可以看出，该工作面开采未达到充分采动的情况下，实测的地表下沉值为 2. 377m，下沉系数达到 0. 68。通过概论积分法预计参数的曲线拟合得到该地质条件下下沉系数为 0. 93，说明在厚松散层地质条件下，煤层开采后地表表现出下沉系数大、下沉速度大、采动影响剧烈的现象。

选取了 6 次地表观测数据并处理得到了地表不同时刻的倾斜值，如图 3-10 所示。

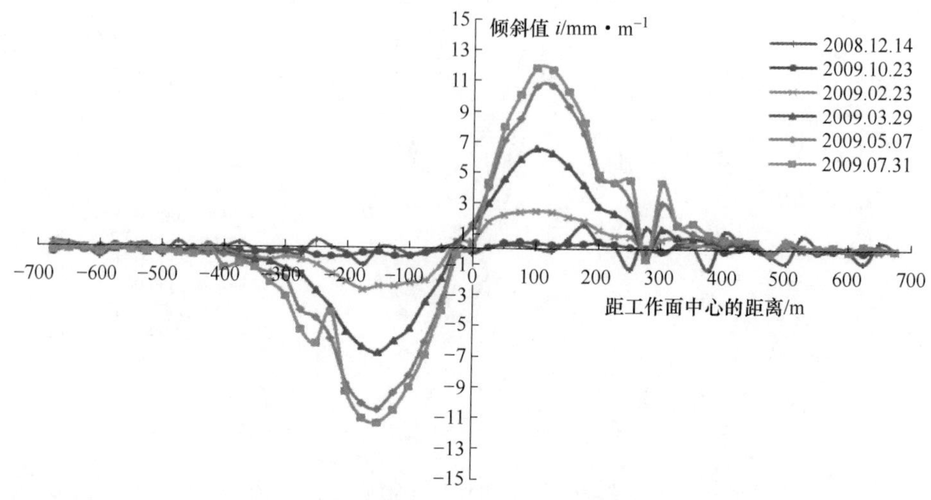

图 3-10　不同时刻地表观测线的倾斜值

从图 3-10 中可以看出，前两次也就是 2009 年 10 月 23 日以前地表观测得到的倾斜值变化不大，此后随着工作面推过观测线位置，地表下沉慢慢增大，引起该观测线的倾斜值也逐渐增大，从后两次的地表倾斜值可以看出，最后衰退阶段地表的倾斜值增长减缓，呈现出和地表下沉同样的趋势。可以看出在工作面两侧边界位置地表的倾斜值较大，对于地表的建筑物来说，处于该区域的建筑物易受拉破坏。

3.3.2　地表下沉盆地形态特征

根据上节所述内容可知，采动岩体运动导致矿山压力重新分布，松散层土体本身强度较低，松散层含水层失水孔隙水压力降低，加之在采动压力作用下，开采边界上部松散层土体有效应力增加，产生土体固结压缩变形，引起土体的附加下沉，因此不但造成拐点偏移距减小或者为负值，而且因此厚松散层覆盖地区地表下沉盆地边缘收敛过慢，出现概率积分法函数在下沉盆地中间区域拟合较好、下沉盆地边缘拟合较差的现象。具体如图 3-11 所示。

由于较厚松散层的存在，导致地表移动盆地形态边缘部分收敛缓慢的现象，主要是因为传统的概率积分预计方法是基于随机介质理论推导出来的，没有考虑到不同岩土体的沉陷特性。因此鉴于基岩和厚松散层沉陷特性的不同，可以考虑将上覆岩层分为基岩和松散层两部分来考虑，从而实现厚松散地区地表移动变形的准确预计。

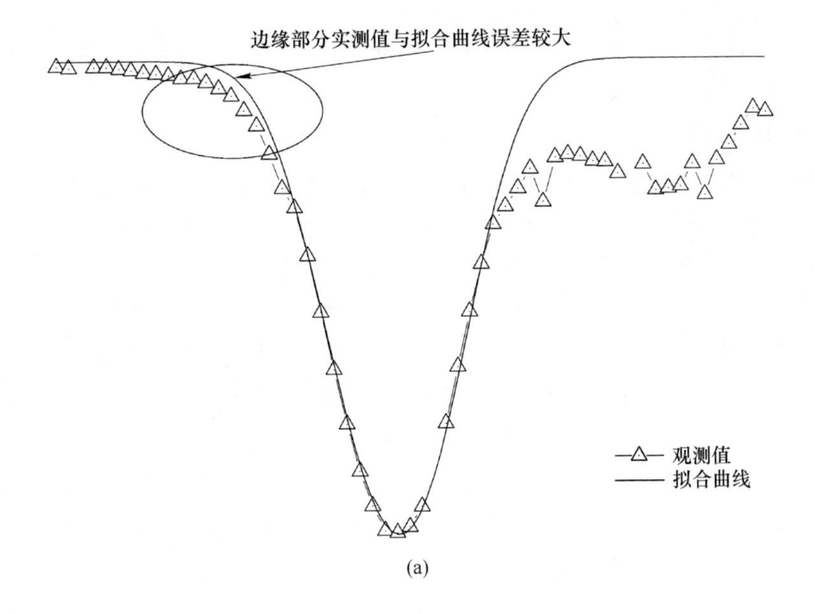

(a)

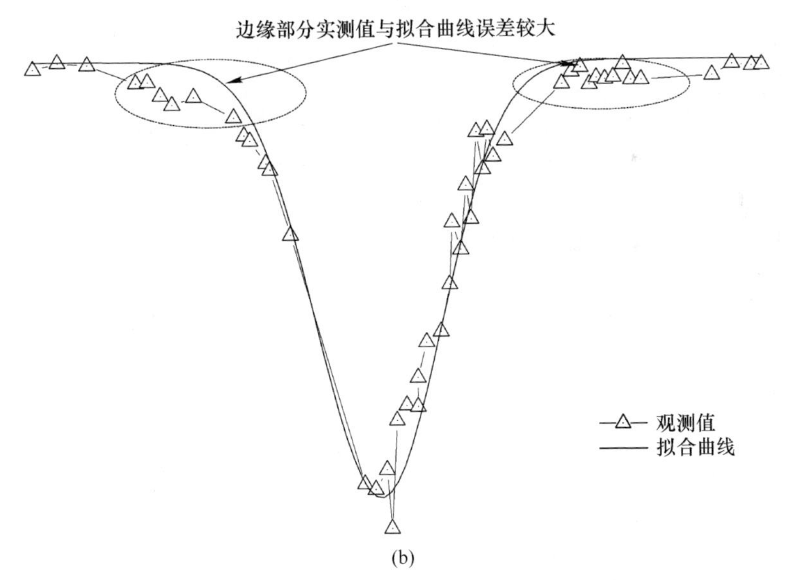

(b)

图 3-11　下沉盆地边缘曲线拟合误差示意图

（a）赵固一矿工作面倾向观测线拟合图；（b）赵固二矿工作面倾向观测线拟合图

3.3.3　地表移动角量参数

地表移动角量参数是描述地表下沉盆地与采空区相对位置、大小、特征以及时间关系的参数。主要包括以下参数：

（1）边界角：δ_0、β_0、γ_0；

（2）移动角：δ、β、γ；

（3）充分采动角：ψ_1、ψ_2、ψ_3；

（4）最大下沉角：θ。

地表移动角量参数是确定地下开采对地表的影响大小、影响范围、影响时间的关键参数，反映了地下开采对地表移动的影响程度、大小、范围。

地表移动角值参数主要与煤矿开采方法、上覆岩层岩性、煤层倾角、开采厚度和开采深度、采动次数、采空区尺寸大小以及松散层厚度等有关。由于该地区第三、四系松散层厚度较大，因此松散层移动角取一般情况下的45°显得不准确，因此，在求取边界角和移动角时，应考虑综合边界角和移动角[28]。

由于赵固一矿和赵固二矿首采面煤层倾角较小，一般为5°左右，属于近水平煤层，因此本次对于角量参数主要以走向方向角量参数为主。根据实测的数据计算出了各角量参数，同时计算出了考虑松散层移动角（按45°计算）的基岩移动角和边界角，如表3-8所示。

表3-8　赵固地区地表移动角量参数　（°）

位置		综合边界角	边界角	综合移动角	移动角	充分采动角	最大下沉角
赵固一矿	走向	62.99	65.31	68.23	71.32	60.06	87.0
赵固二矿	走向	63.96	67.07	69.11	73.16	69.11	87.3

3.3.4　地表动态移动特征及参数研究

3.3.4.1　厚松散层条件下开采地表最大下沉速度

煤层开采后，上覆岩土体应力状态重新分布，在采动的影响下采空区上方的岩土体垮落，并引起地表的下沉。在这个过程中，地表的下沉速度从开始比较缓慢，然后经历下沉速度增大，最后下沉速度变小，并逐渐趋于零。以赵固一矿11011工作面地表移动观测站观测数据为分析对象，由图3-12所示地表下沉速度曲线中可以看出，地表最大下沉速度为24.5mm/d。说明在厚松散层地质条件下，由于上覆松散层结构强度较小，不具有承载能力，另外在松散层土体固结压缩的作用下，地表下沉程度比较剧烈。

我国许多学者对最大下沉速度的研究表明[28,29]：最大下沉速度与采场覆岩性质、工作面推进速度、深厚比、采动程度有关。覆岩性质越软，推进速度越快，深厚比越小，则下沉速度越大。本书通过研究工作面推进速度与最大下沉速度的关系，根据实际生产中工作面的推进速度计算出厚松散层下地表最大下沉速度系数，以此来指导该地质条件下地表建筑物的保护。

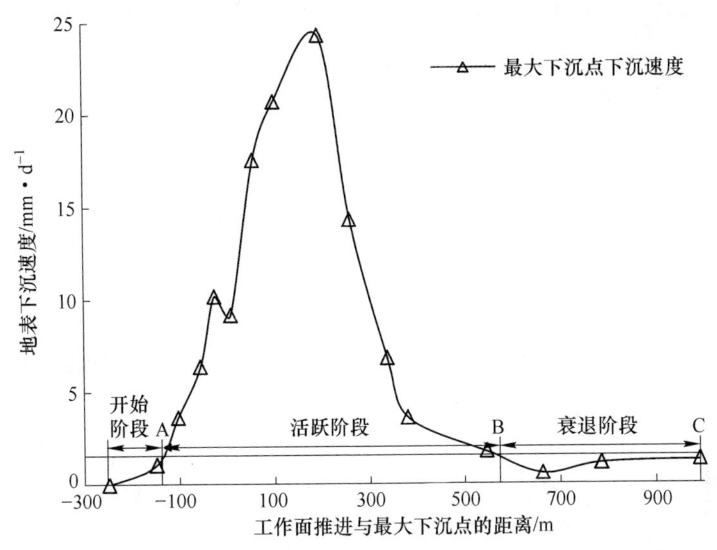

图 3-12　赵固一矿工作面推进过程中最大下沉点的下沉速度

一般采用最大下沉速度的经验公式[9]：

$$V_{max} = \frac{KW_{max}V}{H_0} \tag{3-7}$$

式中　K——最大下沉速度系数；

V——工作面推进速度，m/d；

H_0——开采平均深度，m；

W_{max}——地表最大下沉值，mm。

该工作面实际生产中工作面推进速度平均为 3.24m/d，代入式（3-7）计算得到厚松散层地表最大下沉系数为 1.56。

3.3.4.2　地表移动持续时间

地表移动持续时间是指地表最大下沉点从开始移动到移动稳定的时间。可将地表最大下沉点的移动过程分为三个阶段：

开始阶段：下沉量达到 10mm 的时刻为移动开始时刻，从移动开始至下沉速度刚达到 1.67mm/d 时刻的阶段为移动开始阶段。由图 3-12 可以看出，该地质条件下地表最大下沉点的开始阶段为工作面开始推进，到工作面推进距该点 A 位置，期间的推进时间为 68 天，即开始阶段为 68 天。

活跃阶段：下沉速度大于 1.67mm/d 的阶段，由图 3-12 可以看出，该阶段为工作面推进 A ~ B 距离的时间，即 206 天，并且此阶段地表下沉值占总下沉值的 91.3%。

衰退阶段：下沉速度小于 1.67mm/d 时起至 6 个月内下沉量不超过 30mm 时

为止的阶段为移动衰退阶段，该阶段为工作面推进 B ~ C 距离的时间，即 112 天。

表 3-9 赵固一矿地表移动持续时间及相关数据

移动持续阶段	工作面推进距离/m	持续时间/天	持续时间占总时间的比值/%	阶段下沉量与总下沉量的比值/%
开始阶段	121	68	17.6	3.4
活跃阶段	689	206	53.4	91.3
衰退阶段	440	112	29	5.3

由表 3-9 可知，与薄松散层下煤层开采相比，厚松散层下采动的地表移动变形的开始阶段较短，占整个移动的 17.6%，下沉量仅占总下沉量的 3.4%；然后地表很快进入了活跃阶段，其持续时间占总时间的53.4%，而下沉量占总下沉量的91.3%，说明该阶段地表移动变形剧烈，地表沉陷值主要集中在此阶段；在衰退阶段虽然其下沉量只占总量的 5.3%，但是其持续时间则占总时间的 29%，说明衰退阶段明显比开始阶段的时间长。分析认为，这与该地区特殊的地质条件有关，开始阶段由于松散层结构强度小，受采动后移动变形比较敏感且剧烈；另外受采动后，松散层土体会产生固结现象，土体固结是一个时间比较长的过程，尤其是上部隔水层的渗透系数较小，孔隙水消散缓慢造成固结压缩时间较长，且土体不但包括主固结现象而且还会发生次固结现象[18]，上述原因造成厚松散层地表沉降的衰退阶段比较长。

3.3.4.3 最大下沉速度滞后

如图 3-12 所示，在地表下沉速度曲线上，最大下沉速度点的位置总是滞后工作面一定的距离，这种现象叫做最大下沉速度滞后现象。其中最大下沉速度滞后距用 L 表示，最大下沉速度滞后角是把地表最大下沉速度点与最大下沉速度时刻工作面连线和煤层在采空区一侧的夹角，用 φ 表示，则有：

$$\varphi = \arctan \frac{L}{H} \tag{3-8}$$

式中 L——滞后距，m；

H——平均采深，m。

从图 3-12 中可以看出，在厚松散层条件下倾向工作面中心点的最大下沉速度时刻，工作面推进距此点的距离为 182m，所以滞后距为 182m。即该工作面的最大下沉速度滞后角 φ 为 63°。由此可以看出，在松散层覆盖的赵固一矿首采面的回采过程中，最大下沉速度滞后角较大，说明了厚松散层条件下，上覆岩土层结构较弱，在煤层工作面推进后，顶板的下沉位移很快就传到地表。

地表最大下沉速度的点是地表移动最剧烈点，其对于建筑物的破坏起到了关键的作用。了解掌握了地表最大下沉速度滞后角有助于确定在工作面回采过程中地表移动剧烈的区域，以及最大下沉速度出现的时刻，对地表建筑物的保护具有重要的意义。

3.4 本章小结

本章主要以赵固矿区赵固一矿和赵固二矿首采工作面的地表移动观测资料进行实测分析，首先介绍了两个矿井地表观测站以及对应的工作面的概况，然后以实测资料通过概率积分法对地表移动变形规律进行分析，得到了地表移动的概率积分法参数、地表移动变形角量参数以及地表动态移动变形参数。厚松散层下开采地表移动变形规律研究成果，能够为矿区地表建筑物保护、村庄搬迁以及水利设施保护提供参考依据，更加丰富我国厚松散层下开采岩移规律的研究工作。

4　厚松散层下开采地表动态移动变形规律实测及预测

地下开采引起的地表沉陷是一个时间和空间的过程，开采过程中回采工作面与地表点的相对位置不同，开采对地表点的影响也不相同。在生产实践中，仅根据稳定后的沉陷规律对于解决现场实际问题是远远不够的。往往需要对下沉的动态过程进行研究，掌握地表点的下沉速度变化规律，以便对地表移动变形的剧烈程度及位置作出判断，从而有计划地对地表构筑物（房屋、堤坝、公路及铁路等）进行防护和治理[30]。

国内外对采煤引起的岩层及地表动态变形有较深刻的研究，例如，国外学者Knothe最早将时间函数引入到地表动态下沉的预计中，而后众多学者在Knothe时间函数的基础上做出了大量研究，研究成果能够对地表点下沉的全过程做出准确的预计[31,32]。此外黄乐亭等[33]根据地表动态沉陷过程中地表下沉速度的不同，将地表下沉的全过程划分为下沉发展、下沉充分和下沉衰减三个阶段；李德海通过分析覆岩岩性对地表移动过程时间影响参数的影响，根据大量的实测资料确定了时间影响参数与覆岩岩性参数、采深的关系式[34]；邓喀中等[35]利用最大下沉速度与工作面的相对位置关系，求出了采动过程中地表任意点任意时刻下沉速度的预计公式，但没有考虑地表在未达到充分采动的过程中，地表动态移动变形参数的变化，不适用于开采的整个阶段。现有的研究中对采动过程中地表移动的动态规律研究得还不充分。尤其是在我国华东、华中、华北和东北等矿区的部分矿井松散层厚度占上覆岩土层厚度的40%～90%之间，由于松散层土体与基岩的力学性质相差较大，一般深部土体的黏聚力在30～200kPa之间，内摩擦角在10°～30°之间。在厚松散层覆盖的地区煤层上覆岩层的整体岩性较弱，在采动的影响下地表表现出下沉系数接近1或者大于1、地表移动变形范围大以及动态移动剧烈等现象[36]。在这种特殊地质条件下一些动态移动的参数变化规律鲜有报道。本书以厚松散层地区地表沉陷的实测资料为基础，阐述了地表动态移动参数（如最大下沉速度及最大下沉速度滞后距）随工作面推进距离的变化规律，分析了地质和采矿技术条件与地表动态移动变形参数之间的相关性。最后根据上述的分析建立了对地表点任意时刻任意点下沉速度的预计公式。研究成果不仅为现场地表构筑物的保护及治理提供技术依据，而且丰富了厚松散层条件下地表动态移动变形的理论研究[29]。

4.1 厚松散层下开采地表动态变形的实测分析

本章选取赵固二矿在11011首采工作面上方移动观测站观测数据，用以分析工作面推进过程中地表主断面上动态移动变形规律。

4.1.1 地表最大下沉点的下沉及下沉速度曲线

图4-1为地表倾向观测线Ⅰ-17测点的下沉值和下沉速度随工作面推进的动态变化特征，可以看出，当工作面距离该点270m左右时，地表点开始出现下沉现象。由于松散层结构强度较低，观测点对采动影响较敏感，下沉速度快速增加到1.67mm/d，很快进入地表下沉活跃阶段，由此确定地表走向主断面的超前影响距为270m。当工作面推过该测点位置时，下沉速度逐渐增大，在工作面推过该点位置170m左右时，该点的下沉速度达到最大值，其值为22.85mm/d，此时该点受采动影响移动变形最剧烈。随后地表点下沉速度逐渐减小，最大下沉点的下沉曲线趋于平缓。当工作面推过该点760m左右时，地表点下沉速度为1.67mm/d，此后地表点下沉活跃阶段结束，开始进入衰退阶段，地表沉降下沉速度较慢，最终其下沉值稳定在1606mm。由于后期该测点被水淹没，无法对衰退阶段该点的沉降继续监测。

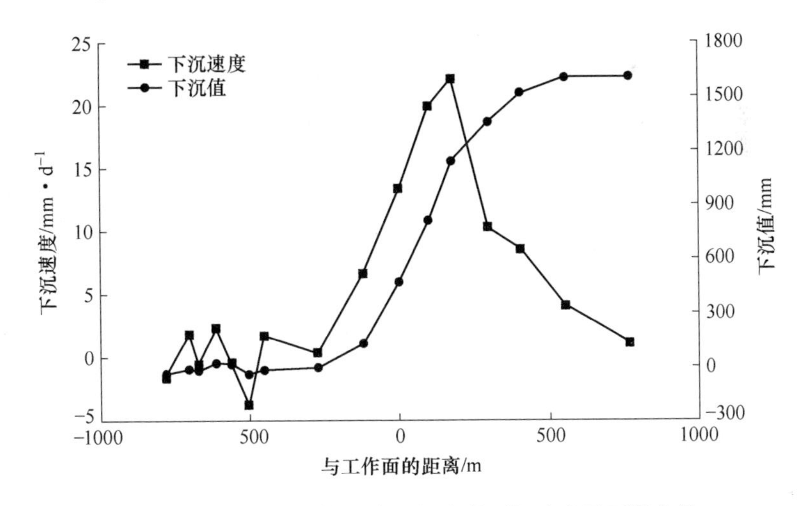

图4-1 赵固二矿地表最大下沉点的下沉速度及下沉曲线

4.1.2 工作面推进过程中观测线最大下沉速度值

为了表示地表移动盆地在工作面推进过程中动态采动影响，将单位时间内地表各点的下沉变化——下沉速度值作为衡量地表采动剧烈程度的指标。将地表移动观测线最大下沉速度值与工作面推进位置绘制成图4-2。

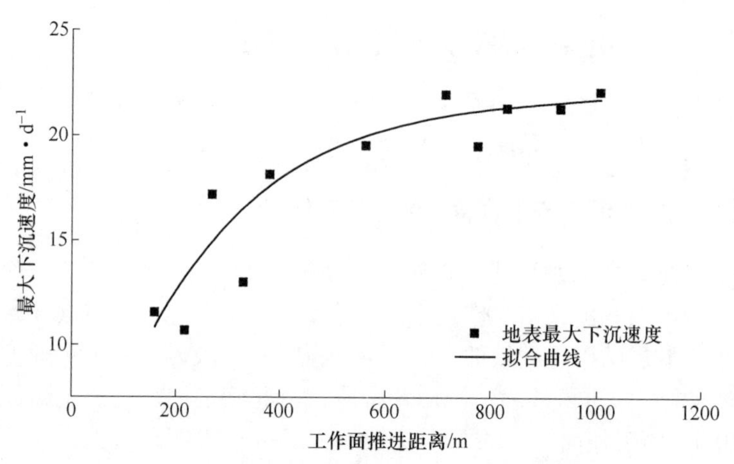

图 4-2　工作面推进距离与观测线最大下沉速度值的关系曲线

借鉴地表沉陷动态过程的 Knothe 时间函数形式，通过曲线拟合，得到地表观测线最大下沉速度值与工作面推进距离的关系式：

$$V_{max} = 22.00(1 - e^{-0.0042x}) \tag{4-1}$$

式中　x——工作面推进的距离，m；

V_{max}——地表观测线最大下沉速度值，mm/d。

由图 4-2 可以看出，在工作面推进至开采宽度 600m 处前，随着采空区面积的增大，地表观测线最大下沉速度值逐渐增大，地表点最大下沉速度值 V_{max} 由零增加到 20.23mm/d。当工作面开采长度超过 600m 后，由于该工作面在走向方向上属于超充分采动，地表点最大下沉速度值增加的幅度逐渐减小，并达到稳定值 22.00mm/d。

4.1.3　最大下沉速度滞后距的动态变化

在地表下沉速度曲线上，最大下沉速度点的位置总是滞后工作面一定的距离，这种现象叫做最大下沉速度滞后现象。掌握了地表最大下沉速度滞后距有助于确定在工作面回采过程中地表移动剧烈的区域，以及最大下沉速度出现的时刻，对地表建筑物的保护具有重要的指导意义。众所周知，当工作面从开切眼开始开采，地表各点在工作面开采方向上经历非充分采动到充分采动的过程，其最大下沉速度滞后距也将是一个动态变化的过程，所以对最大下沉速度滞后距的动态变化进行研究，能够动态地确定工作面开采过程中地表移动剧烈区域。图 4-3 为厚松散层地区工作面推进过程中地表最大下沉速度滞后距的动态变化过程。可以看出：最大下沉速度滞后距与工作面推进距离呈对数函数关系，工作面推进到 600m 之前，随工作面推进距离的增加，最大下沉速度滞后距增加的幅度较大；当工作面在走向方向上达到充分采动后，最大下沉速度滞后距曲线逐渐趋于平

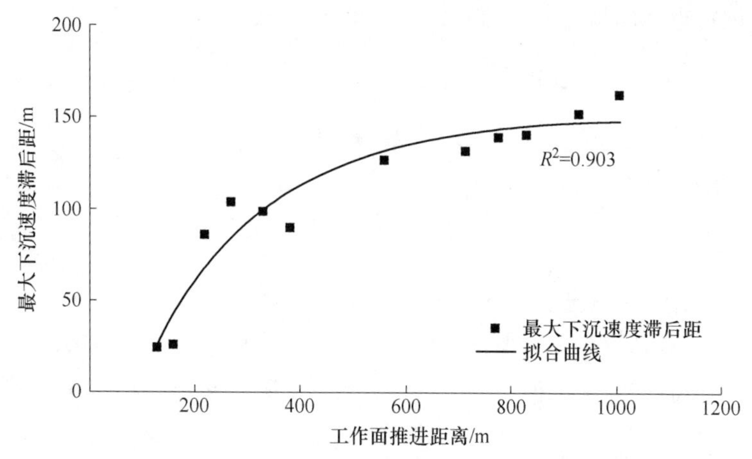

图 4-3 地表最大下沉速度滞后距的动态变化曲线

缓，增加到一定程度基本上不再增加，稳定在 150m 左右，即最大下沉速度滞后角为 77.7°。说明在厚松散层覆盖地区工作面回采过程中，由于上覆岩土层结构较弱，在煤层工作面推进后，顶板的下沉位移很快就传递到地表，造成最大下沉速度滞后角较大。

为了研究地表主断面上观测线最大下沉速度滞后距在回采过程中的动态变化，通过曲线拟合得到地表主断面上最大下沉速度滞后距随工作面回采距离的变化公式：

$$L = 150.58 - 220.40 \times 0.996^{x} \tag{4-2}$$

4.2 任意点任意时刻动态移动变形的预计

在工作面回采过程中，可以根据地表点的动态下沉数据得到地表点的下沉速度变化规律，研究发现，主断面上回采工作面上方地表下沉速度分布曲线相似于二次曲线分布。若以某一时刻回采工作面在地表的投影点为坐标原点，走向主断面工作面推进方向为 x 轴正方向，以地表点的下沉速度为 y 轴，则可以表示出走向主断面上地表下沉速度曲线与工作面回采位置之间的相对关系。最大下沉速度滞后距为 L，则走向主断面上任意点的下沉速度公式为[35]：

$$V(x) = \frac{V_{max}}{1 + \left(\frac{x + L}{a}\right)^{2}} \tag{4-3}$$

式中 V_{max}——最大下沉速度，mm/d；

L——最大下沉速度滞后距，m；

a——形态参数，表示曲线的陡缓程度。

对于地表点最大下沉速度值和最大下沉速度滞后距本书已经做出分析，对于形态参数 a 的求解，假定地表某点从距离工作面很远时开始发生下沉，当工作面推过该点位置很远的地方时，该点的下沉值才趋于定值，因此有：

$$\Delta W = \int_{+\infty}^{-\infty} \frac{V_{max}}{1 + \left(\frac{x + L}{a}\right)^2} d\left(-\frac{x}{c}\right) \tag{4-4}$$

经过求解得到：

$$a = \frac{W_{max}}{V_{max}} \times \frac{c}{\pi} \tag{4-5}$$

式中　c——工作面推进速度，m/d；

V_{max}——地表点最大下沉速度，mm/d，其值可按式（4-1）计算；

W_{max}——地表最大下沉值，mm，其值可根据 $W_{max} = qm^3\sqrt{n_1 n_2}\cos a$ 求得。

由式（4-5）可以看出，当工作面推进速度一定的情况下，形态参数 a 的值随着主断面上最大下沉值和最大下沉速度值的变化而变化，由此可以判断，在达到超充分采动以前，主断面的下沉速度曲线的形态参数 a 以及位置参数 L 随着开采空间的增大而产生变化，其变化规律可以从最大下沉速度值及其滞后距与工作面推进距离的关系式求得。图 4-4 为工作面推进距离分别为 330m、560m、830m 和 1006m 时，工作面地表主断面上下沉曲线和下沉速度曲线的相对位置。由图 4-4 可知，主断面上下沉速度曲线的变化规律可以描述为：随着开采空间的增大，最大下沉速度值逐渐增大，下沉速度曲线形态逐渐变缓，且最大下沉速度滞后距也逐渐增大。当工作面达到超充分采动，即工作面推进距离超过 600m 左右后，随着工作面的推进，地表走向主断面下沉速度曲线以一定的形态和工作面保持一定的滞后距向前移动。

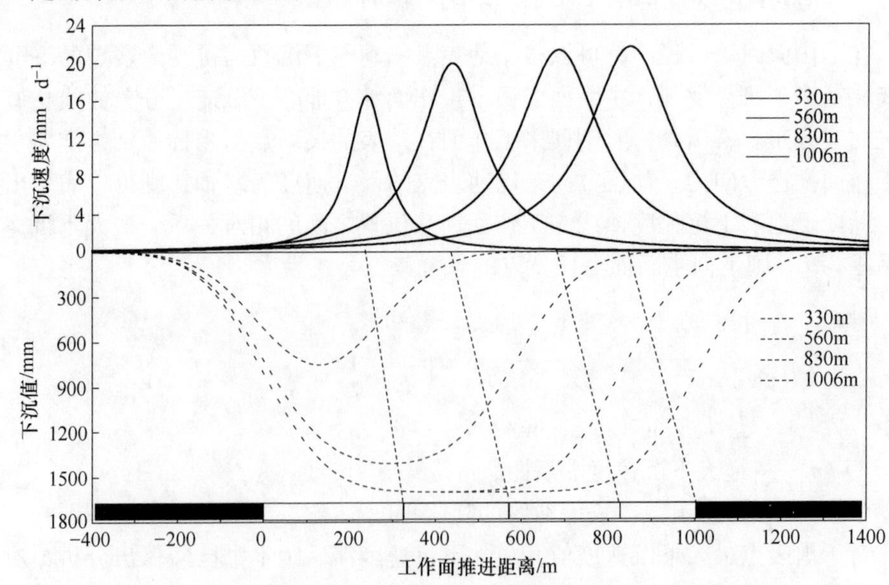

图 4-4　工作面推进过程中下沉曲线和下沉速度曲线相对位置图

将赵固二矿 11011 工作面的参数代入式（4-1）、式（4-2）、式（4-5），并代入式（4-3）联立得到工作面任意时刻地表走向主断面上任意点的下沉速度计算公式：

$$V(x,\ t)=\frac{22.00(1-\mathrm{e}^{-0.0042ct})}{1+\left[\frac{x+150.58-220.40\times 0.996}{qm^{3}\sqrt{n_1 n_2}\cos\alpha c}22.00(1-\mathrm{e}^{-0.0042ct})\pi\right]^{2}} \tag{4-6}$$

分别取工作面推进距离等于 330m 和 1006m 时刻，按照式（4-2）计算距工作面不同距离的地表各点下沉速度，并与实测值进行比较，如图 4-5 所示。

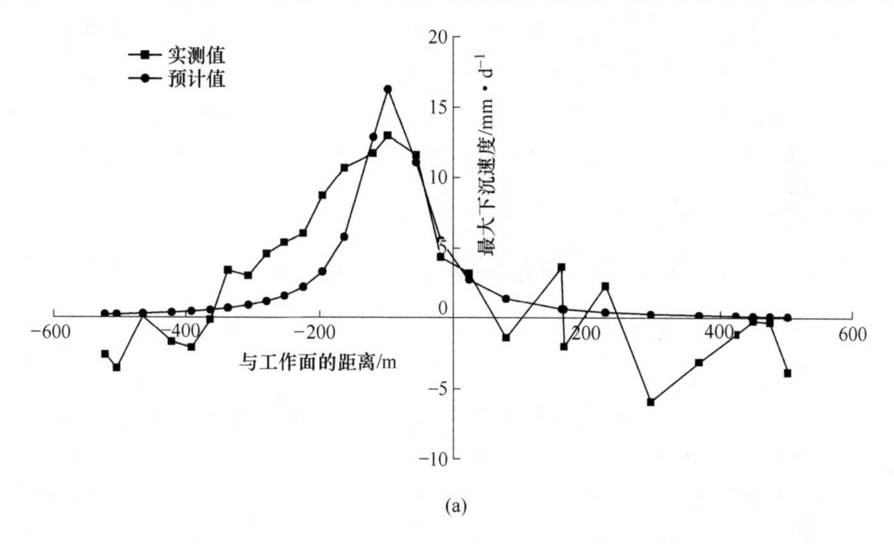

(a)

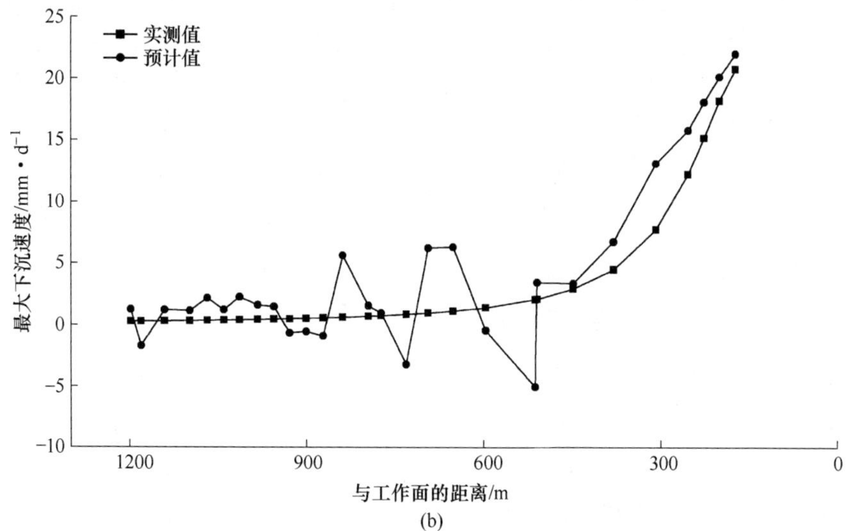

(b)

图 4-5　不同推进距离时地表下沉速度曲线

（a）工作面推进距离为 330m 时；（b）工作面推进距离为 1006m 时

从图4-5中可以看出，距离最大下沉速度值位置较远的测点（位于“钟形”曲线的两端）实测值变化幅度较大，认为主要是因为这些测点的地表移动变形量本身较小，测量误差对测量结果影响较大，造成实测的下沉速度值异常，与预计值产生较大的偏差。剔除“钟形”曲线两端异常的测点，通过对图4-5中预计值与实测值的比较，统计得到图4-5（a）和图4-5（b）的平均误差分别为2.71mm/d和2.38mm/d，能够满足“三下”采煤生产的需要[29]。

相对于充分采动条件下的预计偏差，非充分采动条件下地表下沉速度的预计偏差较大，尤其是图4-5（a）中“钟形”曲线的左侧预计值与实测值的误差较大，这是因为在非充分采动的条件下，由于开采空间相对较小，上部覆岩未达到破断距离，当工作面继续推进时，开采空间的增大，覆岩结构由下到上逐渐破断，造成非充分采动采空区后部地表移动变形经历的时间较长，引起“钟形”曲线左侧测点的实测值普遍大于预计值很多，整体偏差较大。当工作面达到超充分采动的情况下，预计误差有所减小。

4.3　厚松散层下开采地表动态移动参数研究

地下开采引起的地表沉陷是一个时间和空间的过程，随着工作面的推进，不同时间回采工作面与地表点的相对位置不同，开采对地表点的影响也不相同。地表动态移动变形的参数能够确定在工作面回采过程中地表移动剧烈的区域，以及地表移动变形的剧烈程度。然而国内外学者对该地质条件下的地表动态移动变形研究较少。本节根据国内厚松散层覆盖地区的地表移动观测数据，通过分析地质和采矿技术条件，建立厚松散地区地表动态移动参数的多元线性回归预计模型，为该地质特点地区的地表构筑物的防护和治理提供理论参考，而且能够完善厚松散层条件下地表动态移动变形的理论研究。针对厚松散层覆盖地区地表动态移动变形剧烈的现象，在分析松散层深部黏土与基岩在力学性质方面差异的基础上，对地质和采矿技术因素进行线性相关性分析，然后运用多元线性回归预计模型对厚松散层动态移动参数进行回归分析，建立厚松散层地表动态移动参数的预计模型，并验证了预计模型的有效性和准确性。

4.3.1　厚松散层地区工程地质特征

在我国井工开采的矿区中大部分的煤层上覆有埋藏较深的新近系松散层，尤其是我国华东、华北和华中地区，其中具有代表性的有淮北、淮南、兖州、邢台和焦作矿区。这些矿区赋存的松散层主要由坡积、洪积和冲积洪积扇裙组成，为河湖相沉积，其中大部分为黏土、粉砂质黏土和黏土夹砾石，由于埋藏较深，在上覆土层的自重压力的作用下部分呈半固结状态。矿区部分矿井的覆盖松散层厚度见表4-1。

表 4-1 部分矿区煤矿的松散层厚度

矿区	煤矿	松散层厚度/m	矿区	煤矿	松散层厚度/m
淮北矿区	桃园	242	淮南矿区	潘集矿	356
	海孜	247		潘一	330
	朱仙庄	260		潘二	224
兖州矿区	兴隆庄矿	200		谢桥	400
邢台矿区	邢台矿	210	焦作矿区	赵固一矿	440
	林南仓矿	220		赵固二矿	480

目前关于深部土体的力学性质的研究比较少，仅见的有学者许延春、蒋玉坤[23] 和隋旺华[21] 对淮北、淮南、兖州和龙固矿区深部土体的试验研究，其试验结果见表 4-2。

表 4-2 土体基本指标测试结果

取样深度/m	土体名称	密度/g · cm^{-3}	孔隙比/%	弹性模量/MPa	黏聚力/kPa	内摩擦角/(°)
290 ~ 309	含砂黏土	1. 95	0. 44	—	73. 49	15. 79
309 ~ 326	黏土	1. 95	0. 44	—	98. 45	23. 51
332 ~ 342	黏土	2. 06	0. 36	—	96. 63	32. 51
376 ~ 377	粉质黏土	2. 18	0. 3	—	118. 15	30. 73
50 ~ 300	黏土	2. 76	0. 3	5 ~ 33	32 ~ 200	10 ~ 30

表 4-2 中可以看出松散层土体的力学性质与其组成结构有密切的关系，其中黏土和粉质黏土的力学强度明显大于含砂黏土。而且孔隙比也比含砂黏土的较小。松散层土体的力学参数（弹性模量、黏聚力）随土层的埋藏深度而呈上下波动的趋势，但是其上限值是逐渐增加的，说明各矿黏土的力学参数大小各不相同，且深部黏土层的强度差异较大，存在明显的弱面。埋藏越深的土体其受上部载荷作用越大，先期固结程度也越大，引起其力学强度越大，深部的土体表现出半固态。

4. 3. 2 地表动态移动变形参数的影响因素分析

地表点从开始移动到剧烈移动，再到移动逐渐停止，是一个复杂的时间空间移动过程，最大下沉速度滞后角和最大下沉速度是地表动态移动变形的重要参数。一般说来，地表动态移动变形参数与工程地质条件和开采技术有关，根据经验，影响地表动态移动变形的地质和采矿技术因素主要包括：

煤层埋深 H：一般情况下，随着开采深度的增加，地表移动变形值减小，地表移动范围扩大，移动盆地更加趋于平缓。煤层埋深对于地表动态移动也有显著的影响，当开采深度小时，地表下沉速度较大，地表移动持续时间较短；当开采深度大时，则表现出相反的规律。

松散层比 P：是指煤层上覆岩土层中松散层所占的比例。一般而言，土的沉降年代越久，固结程度越高，则越易形成半固态或坚硬状态。根据表 4-2 中对各矿区的深部黏土的土工试验得到弹性模量在 5～33MPa 之间，黏聚力为 32～200kPa，内摩擦角为 10°～30°之间。但是相对于基岩的力学参数而言，砂岩和粉砂岩的弹性模量为 7～21GPa，黏聚力为 6～29MPa，内摩擦角为 36°～51°。说明松散层黏土强度较低，在采动影响下，厚度较大的松散层势必造成采动影响剧烈。

开采速度 V：对于地表最大下沉速度而言，工作面开采速度 V 越大，造成的覆岩采动影响越剧烈，进而引起地表最大下沉速度越大；而对于地表最大下沉速度滞后距而言，采空区的下沉位移需要一定的时间才能够传递到地表，在这个过程中若工作面推进速度越大，则会引起工作面的开采影响显现滞后时间越长，地表最大下沉速度滞后距越大。

宽深比 K：是指走向长壁开采工作面倾向长度与工作面采深的比值，表示采空区的开采尺寸的大小。一般而言，走向长壁开采工作面走向方向上能够达到超充分采动，而在倾向方向为非充分采动，所以倾向方向上开采长度决定了工作面的采动程度，也决定了地表受采动影响的剧烈程度。

采厚 M：工作面采厚 M 和宽深比 K 表示工作面采出矿体的体积，表征采空区的空间大小。采厚越大，采空区上方覆岩破坏越严重，造成地表移动变形越大，同样地表的动态移动变形也较剧烈。

为了能够对现场实践工作提供参考，本书列举了国内厚松散层覆盖地区地表动态观测数据[26,28,37,38]，以及相对应的地质和采矿技术因素。具体如表 4-3 所示。

表 4-3　地表动态变形数据和影响因素

矿名	观测站	采深 H/m	松散层厚度/m	松散层比 P	开采速度 V/m · d^{-1}	采宽 /m	宽深比 K	采厚 M/m	正切值 $\tan\varphi$	最大下沉速度 /mm · d^{-1}
赵固二矿	11011	690	610	0.88	5.4	180	0.26	3.5	4.60	22.0
顾北矿	1232(3)	578	482	0.83	5.8	250	0.43	3.5	6.31	71.0
张集矿	1141(8)	530	388	0.73	5.0	212	0.4	3.0	4.83	51.0
赵家寨	11206	313	120	0.38	2.0	170	0.54	6.54	4.10	51.0
谢桥矿	1121(3)	527	367	0.70	1.8	148	0.28	4.5	5.14	16.5

续表 4-3

矿名	观测站	采深 H/m	松散层厚度/m	松散层比 P	开采速度 V/m·d^{-1}	采宽 /m	宽深比 K	采厚 M/m	正切值 $\tan\varphi$	最大下沉速度 /mm·d^{-1}
谢桥矿	11118	500	400	0.80	1.9	162	0.32	3.0	—	13.6
范各庄矿	南一区	346	105	0.30	1.7	178	0.51	7.4	—	26.9
平煤十二矿	15081	257	132	0.51	1.5	90	0.35	2.7	—	20.0
百善矿	675	208	145	0.70	1	175	0.84	2.1	—	14.0
杨村矿	三采区	285	196	0.69	2	480	1.68	1.25	—	20.2

4.3.3 多元线性回归分析预计模型

根据相关理论[39]，地表动态移动变形参数 Y（因变量）与各个因素 X_1，X_2，…，X_k（自变量）之间的线性回归模型可以用下式表示：

$$Y = \beta + \beta_1 X_1 + \beta_2 X_2 + \cdots + \beta_k X_k + \mu \tag{4-7}$$

式中　Y——研究对象；

X_j——k 个因素变量，$j=1, 2, \cdots, k$；

β_j——$k+1$ 个未知参数，$j=0, 1, 2, \cdots, k$；

μ——随机误差项。

对于 n 组样本数据 Y_i 来说，第 i 组样本为 X_{1i}，X_{2i}，…，$X_{ki}(i=1, 2, \cdots, n)$，其方程组形式为：

$$Y_i = \beta_0 + \beta_1 X_{1i} + \beta_2 X_{2i} + \cdots + \beta_k X_{ki} + \mu_i (i = 1, 2, \cdots, n) \tag{4-8}$$

若用矩阵形式表示，则为：

$$\boldsymbol{Y} = \boldsymbol{X}\beta + \mu \tag{4-9}$$

式中　$\boldsymbol{Y}_{n\times1}$——动态移动变形参数向量，$\boldsymbol{Y}_{n+1} = [Y_1 \quad Y_2 \quad \cdots \quad Y_n]^{\mathrm{T}}$；

$\boldsymbol{X}_{n\times(k+1)}$——常数矩阵，即样本中的自变量，$\boldsymbol{X}_{n\times(k+1)} = \begin{vmatrix} 1 & X_{11} & X_{21} & \cdots & X_{k1} \\ 1 & X_{12} & X_{22} & \cdots & X_{k2} \\ \vdots & \vdots & \vdots & \vdots & \vdots \\ 1 & X_{1n} & X_{2n} & \cdots & X_{kn} \end{vmatrix}$；

$\beta_{(k+1)\times1}$——参数向量，$\beta_{(k+1)\times1} = [\beta_0 \quad \beta_1 \quad \cdots \quad \beta_k]^{\mathrm{T}}$；

$\mu_{n\times1}$——随机误差项向量，$\mu_{n\times1} = [\mu_1 \quad \mu_2 \quad \cdots \quad \mu_n]^{\mathrm{T}}$。

于是动态移动参数 Y 的最小二乘估计量为：

$$\hat{\boldsymbol{Y}} = \boldsymbol{X}(\boldsymbol{X}'\boldsymbol{X})^{-1}\boldsymbol{X}'Y \tag{4-10}$$

因此将表 4-3 中影响因素及地表移动变形参数值作为样本数据，采用地表最大下沉值滞后角和最大下沉速度分别作为因变量 Y，探究地表动态移动变形参数与多种影响因素之间的关系。

4.3.4 地表动态移动变形影响因素的线性相关性分析

根据表 4-3 中厚松散层覆盖地区的地表观测站数据，对影响地表移动变形参数的 5 个因素进行相关性分析。分别得到最大下沉速度滞后距和最大下沉速度与 5 个影响因素的调整判定系数（Adj. R-Square）和相关系数（Pearson's r），详见表 4-4 和表 4-5。

表 4-4 最大下沉速度滞后角正切值与各因素相关性

指标＼因素	*H*	*P*	*V*	*K*	*M*
Adj. R-Square	-0. 0893	0. 1293	-0. 01776	0. 0473	-0. 3122
Pearson's r	0. 4278	0. 5891	0. 4865	-0. 5342	-0. 1259

表 4-5 最大下沉速度与各因素相关性

指标＼因素	*H*	*P*	*V*	*K*	*M*
Adj. R-Square	-0. 0342	-0. 1250	0. 3576	-0. 0957	-0. 0523
Pearson's r	0. 2841	3. 224 E-5	0. 6550	-0. 1614	0. 2543

从表 4-4 可看出各影响因素对最大下沉速度滞后角正切值的相关性系数从大到小依次为：*P*、*K*、*V*、*H*、*M*；从表 4-5 可看出各影响因素对最大下沉速度的相关性系数从大到小依次为：*V*、*H*、*M*、*K*、*P*。说明地表动态移动变形参数的因素主要有煤层上覆岩层的岩性强弱以及工作面开采活动的强度（包括工作面开采速度和采厚）[40]。

4.3.5 多元回归预计模型的建立及分析

分别以最大下沉速度滞后角正切值 $\tan\varphi$ 和最大下沉速度 V_{max} 作为因变量，由于表 4-3 中样本数量有限，所以选用相关性系数较大的三个因素作为自变量，则有 $\tan\varphi=f(P, V, K)$，$V_{max}=f(H, V, K)$。将表 4-3 中相关数据作为样本数据，代入式（4-10）得到地表移动变形参数预计模型为：

$$\tan\varphi = 17.03P - 0.94V + 17.26K - 9.87 \tag{4-11}$$

$$V_{max} = -0.098H + 14.47V + 4.37M + 14.95 \tag{4-12}$$

对于预计模型（式（4-11）和式（4-12））的检验是指对建立的模型和实际数据是否具有稳定的接近程度，以及接近程度的大小。通过计算得到式（4-11）和式（4-12）的调整判定系数（Adj. R-Square）分别为 0. 99 和 0. 63，下面对本书预计模型进行回归显著性检验：

（1）F 显著性检验：式（4-11）的 $F=383.2>F_{0.05(3,1)}=215.7$，而式（4-12）的 $F=6.1>F_{0.05(3,6)}=4.76$，说明上述两式的多元线性关系显著。

（2）P 值检验：F 检验的 P 值是确定相关系数 r 是否有统计学意义的。经计算得到式（4-11）和式（4-12）的 P 值分别为 0.016 和 0.029，均小于 0.05。说明多元线性回归分析模型具有统计学意义，预计模型的相关性显著。

通过对式（4-11）和式（4-12）的显著性检验结果的分析，认为厚松散层地表动态移动参数的预计模型与实际吻合程度好，该预计模型有效。厚松散层地表动态移动预计模型的拟合效果好，预测结果合理可靠，能够根据地质和采矿条件对厚松散层地区的地表动态移动参数进行准确的预计。可根据工程地质勘探资料和开采技术情况，运用回归分析公式预计在厚松散层覆盖地区地表动态移动变形参数。可根据工程地质勘探资料和开采技术情况，运用回归分析公式预计在厚松散层覆盖地区地表动态移动变形参数。

4.4　本章小结

本章着重对厚松散层下开采地表动态移动变形进行研究，首先以赵固二矿在 11011 首采工作面地表移动观测站观测数据为基础，分析了地表动态下沉以及下沉速度曲线分布规律、地表最大下沉速度及其滞后距随工作面开采过程中的变化规律。而后建立了任意点任意时刻动态移动变形的预计方法，以实测数据进行验证，证明了该预计方法的正确性。最后根据我国厚松散层开采实践，建立厚松散地区地表动态移动参数的多元线性回归预计模型。对地质和采矿技术因素进行线性相关性分析，然后运用多元线性回归预计模型对厚松散层动态移动参数进行回归分析，建立厚松散层地表动态移动参数的预计模型，并验证了预计模型的有效性和准确性。研究成果对该地质特点地区的地表构筑物的防护和治理提供了理论参考，且能够完善厚松散层条件下地表动态移动变形的理论研究。

第一篇参考文献

[1] 赵彭年. 松散介质力学 [M]. 北京：地震出版社，1995：202.

[2] 李德海，等. 厚松散层下条带开采技术研究 [M]. 北京：中国科学技术出版社，2006：192.

[3] 李德海. 巨厚松散层下条带开采地表移动规律分析 [J]. 焦作工学院学报（自然科学版），2001(3)：175-179.

[4] 李德海，许国胜，余华中. 厚松散层煤层开采地表动态移动变形特征研究 [J]. 煤炭科学技术，2014，42(7)：103-106.

[5] 刘义新，戴华阳，姜耀东，等. 厚松散层大采深下采煤地表移动规律研究 [J]. 煤炭科学技术，2013，41(5)：117-120，124.

[6] 张向东，赵瀛华，刘世君. 厚冲积层下地表沉陷与变形预计的新方法 [J]. 中国有色金属学报，1999(2)：227-232.

[7] 姜兴阁，王晓磊，刘亚升. 厚松散层下煤层开采地表沉陷模拟研究 [J]. 青岛理工大学学报，2012，33(5)：29-33.

[8] 陈俊杰，邹友峰，郭文兵. 厚松散层下下沉系数与采动程度关系研究 [J]. 采矿与安全工程学报，2012，29(2)：250-254.

[9] 何国清，杨伦，凌赓娣，等. 矿山开采沉陷学 [M]. 徐州：中国矿业大学出版社，1994.

[10] 余华中，李德海，李明金. 厚松散层放顶煤开采条件下地表移动参数研究 [J]. 焦作工学院学报（自然科学版），2003(6)：413-416.

[11] 余华中，李德海，李明金. 厚松散层下开采预计的概率积分法修正模型 [J]. 焦作工学院学报（自然科学版），2004(4)：255-257.

[12] 李永树，王金庄，周雄. PTS 采动沉陷模型研究 [J]. 河北煤炭建筑工程学院学报，1996(3)：32-39.

[13] 李永树，王金庄，陈勇. 复合岩层采动沉陷理论研究 [J]. 河北煤炭建筑工程学院学报，1996(2)：27-34.

[14] 郝延锦，吴立新，胡金星. 厚松散层条件下地表移动变形预计理论研究 [J]. 矿山测量，2000(2)：24-26.

[15] 王宁，吴侃，秦志峰. 基于松散层厚影响的概率积分法开采沉陷预计模型 [J]. 煤炭科学技术，2012，40(7)：10-12，16.

[16] 李文平，于双忠. 徐淮矿区深部土体工程地质特性及失水变形机理 [J]. 煤炭学报，1997(4)：21-26.

[17] 李文平. 徐淮矿区深厚表土底含失水压缩变形实验研究 [J]. 煤炭学报，1999(3)：9-13.

[18] 许延春. 矿区深厚复合含水松散层的工程、力学特性及其应用 [D]. 北京：煤炭科学研究总院，2002.

[19] 王金庄，李永树，周雄，等. 巨厚松散层下采煤地表移动规律的研究 [J]. 煤炭学报，1997(1)：20-23.

[20] 吴侃，靳建明，戴仔强，等. 开采沉陷在土体中传递的实验研究 [J]. 煤炭学报，2002

(6)：43-45.

[21] 隋旺华．开采沉陷土体变形工程地质研究［M］．徐州：中国矿业大学出版社，1999：124.

[22] 孙强，姜振泉，李耀民，等．万福井田深部黏土微观特性试验研究［J］．煤炭学报，2012，37(12)：2026-2030.

[23] 蒋玉坤，孙如华．深部黏土渗透特性试验研究［J］．岩土工程学报，2012，34(2)：268-273.

[24] 孙绍先．折线和斜线观测站的资料处理［J］．矿山测量，1983(1)：24-26.

[25] 许国胜，李德海，张彦宾．滑动构造影响下煤层开采地表移动变形规律研究［J］．煤炭科学技术，2015，43(S1)：150-154.

[26] 国家煤炭工业局．建筑物、水体、铁路及主要井巷煤柱留设与压煤开采规程［M］．北京：煤炭工业出版社，2000.

[27] 李德海，苏美德，宋常胜．巨厚松散层下开采地表移动特征研究［J］．煤矿开采，2002，7(3)：50-52.

[28] 郭文兵，黄成飞，陈俊杰．厚湿陷黄土层下综放开采动态地表移动特征［J］．煤炭学报，2010，35(S1)：38-43.

[29] 许国胜，李德海，侯得峰，等．厚松散层下开采地表动态移动变形规律实测及预测研究［J］．岩土力学，2016，37(7)：2056-2062.

[30] 唐君，王金安，王磊．薄冲积层下开采地表动态移动规律与特征［J］．岩土力学，2014，35(10)：2958-2968，3006.

[31] Jarosz A，Karmis M，Sroka A. Subsidence development with Time—experiences from Longwall operations in the appalachian coalfield［J］. International Journal of Mining and Geological Engineering，1990，8(3)：261-273.

[32] Chang Z，Wang J，Chen M，et al. A novel ground surface subsidence prediction model for sub-critical mining in the geological condition of a thick alluvium layer［J］. Front. Earth Sci.，2015，9(2)：330-341.

[33] 黄乐亭，王金庄．地表动态沉陷变形的三个阶段与变形速度的研究［J］．煤炭学报，2006(4)：14-18.

[34] M. 胡戴克，李德海．开采工作面推进度对地表变形速度的影响［J］．焦作矿业学院学报，1993(1)：64-74.

[35] 邓喀中，王金庄，邢安仕．采动过程中地表任意点下沉速度计算［J］．中国矿业学院学报，1983(4)：71-82.

[36] 张彦宾，许国胜，王四海，等．巨厚松散层下大采高开采覆岩移动变形规律研究［J］．煤炭工程，2017(3)：75-78.

[37] 张鲜妮，王磊．巨厚松散层薄基岩煤层开采沉陷规律实测研究［J］．矿业安全与环保，2015，42(5)：50-53.

[38] 廉旭刚．基于 Knothe 模型的动态地表移动变形预计与数值模拟研究［D］．北京：中国矿业大学（北京），2012.

[39] 宋云雪，张科星，史永胜．基于多元线性回归的发动机性能参数预测［J］．航空动力学报，2009，24(2)：427-431.

[40] 许国胜，张彦宾，李德海，等. 厚松散层下开采地表动态移动参数研究［J］. 矿业安全与环保，2016，43(5)：70-73.

[41] 许延春. 深厚饱和黏土的物理性质特征［C］//中国岩石力学与工程学会第七次学术会议论文集，2002：228-231.

[42] 黄汗富，白海皮. 司马煤矿薄基岩区松散层特性与煤层安全开采［J］. 采矿安全与工程学报，2008，25(2)：239-243.

第二篇　水体下开采覆岩移动及采动裂隙演化规律

煤炭是我国的主体能源，自改革开放以来，煤炭支撑了国内生产总值实现年均9%以上的速度增长。2018年全国煤炭消费总量27.4亿吨标准煤，占全国一次能源消费总量的59%，煤炭在我国经济发展中的战略地位依旧不可动摇[1]。相比之下我国煤炭人均可采储量和储采比分别为世界平均水平的2/3和1/3，要保证稳定的能源供给，解决复杂地质条件下采煤的问题已势在必行。我国《建筑物、水体、铁路及主要井巷煤柱留设与压煤开采规程》的颁发，标志着我国“三下”采煤开采理论与技术的成熟，经过数十年的研究与实践，不仅开采出了大量的煤炭资源，同时也确保了水体以及水利设施的安全运行。

在地表水体及覆岩含水层下采煤时，动岩体裂隙作为矿井突水的通道，工程实践中对覆岩导水断裂带的计算及覆岩裂隙演化规律的研究，是判断矿井突水发生条件、进行矿井水害防治研究的重要理论基础。水体下采煤必须采取适当的措施，不但保证开采过程中不发生灾害性透水、溃沙事故，保证井下生产工作环境的安全，而且还要考虑地下煤炭资源的开采对水资源以及水利设施的影响，防止由开采沉陷引起水资源流失或者溃坝事故的发生[2,3]。因此，水体下安全开采对确保煤矿安全生产、延长矿井服务年限和保护水资源有着十分重要的意义。

5 水体下开采覆岩运动及采动裂隙演化的研究现状

煤层开采后，采场覆岩的原有应力平衡状态由于开采影响而产生应力重新分布，采场上覆岩层和地表产生移动变形和破坏。岩石块体和非连续节理裂隙组成的地质结构体，覆岩在移动变形及采动压力的作用下相邻节理裂纹扩展和相互贯通，形成采动裂隙，随着工作面的不断推进，覆岩采动裂隙也将不断变化，在此过程中岩体在采动应力环境下裂隙萌生、连接、扩展和贯通[4]。从采场覆岩的移动变形特征来说，沿工作面垂直方向上可将上覆岩层划分为三带：垮落带、断裂带和弯曲下沉带，其中垮落带和断裂带由于是上覆含水层的导水通道合称为导水裂隙带[5]。

水体下压煤开采已有100多年的历史，世界各大产煤国在河流下、海下、湖泊下、含水的松散层和含水的岩层下、人工修建的蓄水工业建筑物下、充水的巷道与采场下进行了大量的试验开采工作，英国、日本、加拿大、智利和澳大利亚还成功地进行了海下采煤。我国在20世纪60～80年代期间，涉及水体下的采煤问题逐渐增多，井下突水事故频发，在此期间我国开始系统研究水体下开采理论，并进行了大量的室内外观测和试验研究工作。虽然我国在水体下开采的实践及研究起步较晚，但是发展迅速，不论是在理论研究上还是在生产实践中，都走在了世界的前列，国内众多学者在此方面取得了卓有成效的研究成果。

5.1 岩层运动与结构变形理论的研究现状

我国关于岩层移动变形的研究始于20世纪60年代中期，煤矿开采工作中面临井筒与巷道煤柱压煤问题，开滦、阳泉等矿区陆续开展了较完善的覆岩移动和变形实际测定研究，积累了一部分珍贵的实测资料，初步地揭示了覆岩移动与变形的一些基本特性。

覆岩采动裂隙形成于采场覆岩结构运动，国内对于覆岩结构运动演化和破坏规律先后进行了大量的研究，90年代我国学者对采动岩体理论进行了深入的研究，主要有压力拱理论、悬臂梁理论、预成裂隙梁理论、铰接岩块理论、传递岩梁理论[6,7]、砌体梁理论[8,9] 和关键层理论。其中关键层理论揭示了采动岩体的活动规律，把采场矿压、岩层移动、地表沉陷等方面的研究在力学机理上有机统一为一个整体，岩层控制关键层理论的提出为岩层移动与开采沉陷的深入研究提供了新的理论平台，将矿山压力、岩层及地表移动、瓦斯抽采和保水开采[10,11]有机统一起来，构成了“绿色开采”的主要理论基础[12]。钱鸣高等学者对工作面上覆岩层结构运动及裂隙分布特征进行研究，发现覆岩关键层下的离层最为发育，由采空区四周的铰接岩梁形成一个离层裂隙发育的“O”形圈结构。采动裂隙“O”形圈不但是覆岩含水层的涌水通道，也是采动瓦斯的运移及储存空间。该理论为卸压瓦斯抽放钻孔的布置提供了理论依据，在现场瓦斯抽放工作中取得了显著的效果。

理论方面的研究对采场破断覆岩的运动给出了理论推导及合理解释，对岩层运动中岩层结构的变形破坏给出了失稳判据。对于采动的裂隙分布规律来说，理论研究成果关于岩体的运动和稳定条件，能够对覆岩运动和裂隙发育最终的稳定状态进行判定，对导水裂隙带高度进行判定。

对于岩层的运动及结构变形，目前还有弹性板理论、组合梁理论、层状介质理论、托板理论等。

弹性板理论又称为弹性薄板理论。根据采矿工程的实际，采场覆岩的分层厚度一般为4～20m，工作面的尺寸一般为100～1000m，满足经典力学理论中对薄板的定义，即厚度与板面的最小尺寸之比在1/100～1/5之间[13]；且岩层在采动过程中发生的挠度变形远小于覆岩的厚度，符合小挠度板的线性理论。因此在研究岩体移动变形过程中，将采空区顶板的沉积岩体假定为层状结构，把煤层开挖引起的顶板变形看作竖向载荷作用下薄板的挠曲，在上述的假定条件下，可以将薄板弯曲理论应用于研究地下开采引起的岩体移动变形问题。

我国学者首先将弹性板理论应用于覆岩离层注浆治理地表沉陷的问题中。地下煤层采出后，从顶板向上依次形成垮落带、裂缝带、离层带和弯曲下沉带。采动覆岩在层状弯曲沉降过程中相邻层组的不同步弯曲沉降而引起的岩层在其层面（或薄弱面）上产生离层，为减缓地表沉降，可将浆液材料注入位于弯曲下沉带下部的离层带内。通过建立覆岩注浆开采地表下沉预计模型，为覆岩注浆的工程设计提供依据及对控制地表沉陷的效果做出评价[14～17]。

运用弹性板理论可以对岩体内部岩层的弯曲变形进行求解，进而得到岩层在载荷作用下的弯矩方程，建立岩层的刚度条件和强度条件，最后得到顶板岩层的极限跨距。其中翟所业[18]将顶板覆岩简化为四周嵌固在周围岩层中的矩形岩板，利用弹性板建立岩层的下沉方程，进而利用岩层的初次破裂步距对主关键层和亚关键层进行判断。林海飞[19]对采场上覆岩层主亚关键层的层位及其跨距进行计算，为合理布置卸压瓦斯抽采系统提供理论依据。何富连[20]建立了巷道顶板弹性基础梁力学模型，探讨顶板下沉量、顶板岩梁弯矩随巷道跨度的变化关系，为巷道围岩稳定性控制提供理论依据。

组合梁理论、层状介质理论、托板理论也被应用于对上覆岩层移动变形的分析中。其中层状介质理论将工程岩体概化为层间满足力学平衡条件和几何接触条件的多层层状介质的组合，然后根据相应的力学理论，求解满足边界条件的力学问题[21]。将采空区及其围岩看作是具有开挖空洞的各向同性线弹性体，由此可以得到采动引起的地表下沉量，由上覆岩体的下沉、矿柱的压缩和下伏岩体的沉陷三部分组成。吴立新等[22] 针对地下采矿活动连续大面积开采过程中，矿山压力异常、地表沉陷异常的现象，依据边界条件的不同将托板划分为81种不同的力学模式。然后以有限元数值分析为手段，研究了托板的力学变形和变形特征，结果表明：上覆岩土层的移动变形完全受托板移动变形控制，托板岩层的稳定与失稳是托板上覆岩层连锁破坏和地表产生急剧沉陷的根本原因。

5.2 覆岩采动裂隙分布及演化规律的研究

5.2.1 采动岩体裂隙演化规律的现场观测

目前对于采动岩体裂隙的现场观测主要采取钻孔电视、钻孔分段注水、钻孔声速、钻孔超声成像、钻孔 CT 及电法等手段，雷达探测、地震探测、电法探测、瞬变电磁法探测等物探手段也有被运用。由于煤矿现场的条件制约以及各种仪器适用条件的限制，目前最常用的观测手段为钻孔电视方法和钻孔分段注水法，但是钻孔注水法只能根据钻孔漏水量来判断导水裂隙带的发育高度，并不能对裂隙的发育特征进行描述，所以本书中主要介绍钻孔电视的相关研究。

钻孔电视观测法可以清晰直观地观测覆岩受采动影响的破坏情况，对裂隙的发育高度、发育宽度、裂隙的数量、裂隙角度等均能做出定量的分析。张玉军等[23,24] 利用钻孔电视获得的图像信息，对比开采前后覆岩裂隙及离层的变化情况，分析了裂隙的发育高度、裂隙的大小宽度、裂隙的连通度，获得了采动裂隙的分布特征；高保彬等[25] 通过钻孔电视图像结果对覆岩裂隙的角度和密度进行了总结和分析，并与相似模拟试验相结合，对煤壁前后的裂隙特征进行了描述；张海峰等[26] 对浅埋深厚松散层工作面采后覆岩的观测，确定裂隙带高度、判定垮落带和裂隙带的离层情况，揭示了覆岩自下而上的破坏特征；王文学等[27] 利用钻孔电视对松散层下煤层开采后覆岩裂隙的闭合效应进行了观测，对顶板裂隙的张开度和裂隙率进行了分析，对比分析了开采前后导水裂隙带和垮落带的高度变化，为覆岩裂隙发育的时间效应提供了依据。

现有研究成果利用钻孔电视等手段，对煤矿上覆岩层采前和采后的裂隙状态进行观测，利用获得的裂隙分布图像对裂隙通道的分布密度、发育角度等参数进行定性描述。认为采前岩层原始裂隙主要是横向水平裂隙，工作面采后覆岩距离采场越近，钻孔内裂隙的角度越大，进而出现垂直岩层层面的纵向裂缝，并逐步向破碎型裂缝发展。但没有对采场覆岩采动裂隙的分布特征进行定量描述，有待于对发育特征的形成机理进行深入研究。

5.2.2 采动裂隙发育规律的相似模拟试验研究

岩体中存在着小尺度的微孔隙和微裂纹，也存在着大尺度的裂隙、节理、断裂结构等。在岩体采动过程中，随着开采的进行，由于岩层移动，原有裂隙或者孔隙破裂扩展形成复杂的采动裂隙[28]，并在覆岩中形成采动裂隙。随着开采的不断扰动与破坏，覆岩中的采动裂隙将进一步发生变化，从而影响地下水的运移、瓦斯等有害气体的流动。因此，为保证煤矿开采的安全，防止矿井突水、瓦斯涌出与突出等灾害事故的发生，有必要对覆岩采动裂隙场演化规律进行研究，定量描述裂隙在采动过程中的演化过程裂隙的复杂性，理论成果目前还无法应用于工程实际。如果进行采动岩体裂隙的实地现场探测和描绘，将消耗大量的人力、物力，并且也难以实现。国内外广泛应用的相似材料模拟实验能较好地在实验室条件下再现采场煤岩体裂隙的形成过程和分布状态[29]。

相似材料模拟试验可以观测到一些现场无法观测的现象，能够在实验室条件下模拟岩层在开采过程中岩体裂隙的形成过程和分布状态[29]。所以相似模拟试验一直作为研究采动裂隙发育规律的主要手段。对于覆岩“两带”发育高度、地表及覆岩移动特征、采场应力变化以及工作面推进过程中裂隙演化规律，学者通过相似模拟试验的手段进行了深入研究。比如：B. N. Whittaker[30] 分别建立了不同岩层强度的试验模型，研究了岩层强度对覆岩裂隙发育密度、岩层断裂角的影响；黄艳丽[31] 通过工作面不同推进距离下覆岩的下沉曲线，得到覆岩“三带”高度的动态变化；崔希民[32] 以潞安常村矿 S_{1-2} 工作面为地质背景，通过相似模拟试验对比分析了综放开采和分层开采工作面推进过程中覆岩破坏和岩层破断情况；许家林[33] 等探讨了覆岩关键层对覆岩移动变形的控制作用，分析了主关键层位置对下保护层卸压高度的影响，以及关键层破断前后采动裂隙的发育演化规律，为利用采煤过程中岩层移动对瓦斯卸压作用并根据岩层移动规律来优化抽放方案、提高抽出率提供依据；马占国[34] 通过物理模型试验，研究下保护层工作面推进过程中采动覆岩结构运动规律、采动裂隙动态演化与空间分布特征、被保护层的应力应变和膨胀变形规律。确定采空区四周离层裂隙的“O”形圈发育位置，为被保护层瓦斯抽采提供依据。

5.2.3 采动裂隙的数值模拟试验研究

数值模拟在当今的工程研究中得到了较多的应用，主要包括有限元法、边界元法、离散元法，有限差分法等。目前国内学者运用较多的软件有连续介质方法的 FLAC/FLAC^{3D} 软件以及非连续介质方法的 UDEC/3DEC 软件。

采用数值模拟软件对煤矿开采岩层及地表移动变形进行计算，以岩石力学理论为基础，以煤岩物理力学参数和地层构造特性为计算依据，无须作任何假设，具有计算方便、快捷等优点[35]。王新丰[36] 通过数值模拟，研究了煤层顶板塑性区的破坏范围和延伸趋势，分析了工作面推进期间塑性区破坏范围及规律的时空耦合的破坏特征。孙亚军[37] 对覆岩破坏范围进行了数值模拟，模拟结果用于小浪底水库下开采覆岩破坏高度的预计。基于连续介质方法的有限差分软件FLAC/FLAC^{3D} 中，由于其模型为连续介质，所以在模拟工作面开挖后，采场上覆岩层的冒落、破断是以单元的变形和移动来表示的，无法将岩体破断非连续变形予以呈现。运用此软件对工作面上覆导水裂隙带模拟时，主要采用模型单元的弹塑性状态进行判断：以区域内单元发生剪切破坏或拉伸破坏产生塑性区的范围来辨别导水裂隙带的发育形态。

另外基于非连续介质方法的离散元数值模拟软件 UDEC/3DEC，将岩体视为由许多完整的岩块构成，各个完整的岩块之间存在接触面。通过模拟煤层开挖后上部岩块的垮落，以岩层的移动变形来描述采场的运动，以岩块间相互分离的空隙表示现场的裂隙。显然用肉眼看到的块体分离来作为裂隙的判断标准，不能表示裂隙扩展的路径以及发育的量化参数，比如裂隙的宽度、角度等。而且当明显的块体裂隙产生之前，岩石有可能已经发生剪切破坏。综述所示，对于岩体复杂的结构来说，由于存在不同层次的缺陷：断层、层理、裂隙、孔洞、孔隙等，目前对于数值模拟来说，这些缺陷的描述存在一定的困难，而且从岩石试验到工程岩体不同尺度下，岩石的力学性质的对应关系还没有弄清楚，这些因素制约着采动裂隙数值模拟工作的开展。

6　水体下开采导水裂隙带发育高度的确定

河南永华能源有限公司嵩山煤矿，即原焦村煤矿夹沟技改矿井，原属偃师市办地方国营煤矿，资源整合后隶属河南永城煤电（集团）有限责任公司成立的河南永华能源有限公司，位于河南省偃师市城南约26km处，该井田地处偃龙矿区嵩山井田之东南，属偃师市府店乡管辖。矿井生产设计能力0.60Mt/a，经过多年的开采，目前矿井的东部采掘接替比较紧张。

区内地表地势比较平坦，地表水系仅有赵城水库为矿井排水和雨水积成，储水量较小，库容量约为100万立方米。正常存水面积约15.2万立方米。水深平均为1.5m，蓄水量约13万立方米，具体见图6-1。根据现场调查，该水库的水源主要为嵩山煤矿的井下排水和大气降水，目前水面标高约为+304m。在水库的北方向有一堤坝使水库蓄水，坝体为料石砌和黄土堆积而成，迎水面边坡角度为45°~47°。延展方向为西北~东南向，路面标高为+326m。坝体长约200m，坝顶为一便道，路面（坝）宽约为8m。现场调查时堤坝路面与水库水平面高差约为20m。水库坝体见图6-2。

图6-1　嵩山煤矿地表赵城水库

图 6-2　赵城水库堤坝

6.1　工程地质及采矿条件

6.1.1　地层

根据矿井内钻孔揭露，地层由老到新有：寒武系、中下奥陶系、中上石炭本溪组、太原组、下二叠统山西组、下石盒子组、上二叠统上石盒子组、石千峰组及第四系。除寒武系、奥陶系地层沿矿区南部山坡边缘广泛出露外，其余均为零星出露。

（1）寒武系（∈）：为碳酸盐岩沉积，岩性有灰岩、白云质灰岩及白云岩。

（2）中、下奥陶系（O_{1-2}）：灰色灰岩、白云岩。

（3）中石炭本溪组（C_{2b}）：铁铝层，由铝土矿、铝土页岩组成，一般厚12m。

（4）上石炭太原组（C_{3t}）：为海陆交互相含煤沉积地层，根据其岩性组合特征分为三段，自下而上为下部灰岩段：一般厚24m，由煤层及石灰岩、泥岩、砂质泥岩组成，含煤四层（$一_1$ ~ $一_4$）；中部砂岩段：一般厚40m，由深灰色中细粒砂岩、砂质泥岩组成夹薄层石灰岩，含煤三层（$一_5$ ~ $一_7$）；上灰岩段：一般厚18m，由石灰岩、黑色泥岩、砂质泥岩、中细粒砂岩组成，含煤二层（$一_8$ ~ $一_9$），上部 L_9 灰岩顶界与二叠系分界。

（5）二叠系（P）：与石炭系整合接触，总厚820m。

1）下二叠统山西组（P_{1S}）：一般厚60m，为一套过渡相为主的含煤地层，分四段。$二_1$ 煤段：由泥砂岩及煤层组成，一般厚17m，内含1 ~ 2层煤，其中 $二_1$ 煤层为主要可采煤层；大占砂岩段：为长石石英砂岩，一般厚15m，为标志层之一；香炭砂岩段：由长石石英砂岩、泥岩组成，一般厚31m；小紫斑泥岩段：由灰绿色泥岩、紫斑泥岩、灰色粉砂岩组成，一般厚13m。

2）下二叠统下石盒子组（P_{1X}）：一般厚81m，下部砂锅窑砂岩，厚14m，为石英砂岩，底部含小砾石和泥质包体，为标志层；上部为紫色、紫色斑块状泥岩，一般厚18m，含泥土质为标志层。

3）上二叠统上石盒子组（P_{2S}）：一般厚568m，一下伏下石盒子组为整合接触，主要由暗紫色、紫色泥岩，砂质泥岩及灰白色、灰绿色粗粒砂岩组成。

4）上二叠统石千峰组（$P_{2\check{s}}$）：厚度450m，由紫红色砂岩、泥岩、砂质泥岩组成，泥岩和砂质泥岩中含钙质及少量铝土质。

（6）新生界（C_Z）：第四系（Q）：与下伏地层呈不整合接触，厚0 ~ 200m，西厚东薄，由黄土、卵石、沙、黏土组成。

6.1.2　开采煤层情况

嵩山井田含煤地层主要有太原群、山西组、下石盒子组及上石盒子组，属于多煤组多煤层地区，共含煤五组13层煤，煤层总厚10.72m，含煤系数1.25%，而嵩山井田内仅 $二_1$ 煤层为主要可采煤层，其他煤层均为不可采或局部可采。

根据核查区内28个钻孔资料，$二_1$ 煤层位于山西组下部，下距太原群上段灰岩12 ~ 20m，全层厚0 ~ 7.52m，平均厚5.2m。煤层结构简单，含夹矸一层，局部二层。夹矸厚0.2 ~ 0.6m，岩性以炭质泥岩、泥岩和砂质泥岩为主。$二_1$ 煤层为“三软”煤层。

6.1.3 水文地质

6.1.3.1 河流、井泉分布和流量（涌水量）

区内无大地表水体，冲沟发育，主要有夹沟、寨孜沟等，多呈树枝状分布。大暴雨时洪水猛涨，时间较短，旱季断流干涸，民井多分布在村庄附近，一般作为生活饮用水及农田灌溉，西部马涧河两岸第四系松散层中水量丰富，区内无泉水出露。

6.1.3.2 含水层与隔水层组合特征

依据地层、岩性、构造、含水性与贮存条件和埋藏特征等，划分为如下含水层和隔水层，由老至新分别简述如下：

（1）中、下奥陶统灰岩含水层：为灰、深灰、灰黑色隐晶质石灰夹薄层泥灰岩，广泛分布于浅部，揭露厚度一般46m左右。6605孔在孔深153.40～155.57m遇见直径2.17m的溶洞，漏水严重。6605孔马家沟灰岩和太原群灰岩混合抽水结果：水位下降2.23m，涌水量3.14L/s，单位涌水量1.074L/(s·m)，渗透系数3.711m/d，水位标高262.50m，水质类型为HCO_2-CaMg型，矿化度0.314g/L，pH值8.10。

上述资料表明，该层岩溶裂隙发育极不均一，其含水性及透水性亦有差异，属岩溶裂隙承压水，为$二_1$煤层间接充水含水层。

（2）本溪组铝土岩隔水层：由铝土岩、铝土质泥岩组成，厚度4.0～12.00m。层位稳定，岩石致密。节理裂隙不发育，正常情况下，可阻隔太原群下段灰岩和奥陶统灰岩含水层的水力联系。

（3）太原群下段灰岩含水层：由L_1～L_4灰岩组成，间夹薄层泥岩、砂质泥岩、砂岩及煤层。揭露厚度10.54～15.87m，一般12.5m。中部6605孔于117.50～118.30m遇溶洞，直径0.80m，漏水严重，该层多被第四系地层所覆盖，出露条件差，分布零星，岩溶裂隙发育极不均一，为岩溶裂隙承压水。该层距$二_1$煤层底板一般61.38～69.03m。

（4）太原群上段灰岩含水层：由L_6～L_9灰岩组成，其中L_6和L_7灰岩发育完整，层位较为稳定，据12个钻孔统计，灰岩厚度1.43～13.60m。一般9.38m左右，未发现涌、漏水现象。据6601孔抽水资料，水位下降41.42m，涌水量0.234L/s，单位涌水量0.00565L/(s·m)，渗透系数0.052m/d。水位标高259.70m，含水性中等，水质为HCO_3-CaMg型水，pH值6.9。矿化度0.314g/L，该层距$二_1$煤层底板一般15m左右，为$二_1$煤层底板直接充水含水层。

（5）$二_1$煤层底板隔水层：该层位于太原群上段灰岩与$二_1$煤层之间，以泥岩、砂质泥岩为主。据 11 个钻孔统计，厚度 3.90 ~ 12.30m，一般 8.43m 左右，层位较稳定，正常情况下，可阻止太原群上段灰岩水进入二$_1$ 煤层矿床。

（6）山西组灰岩含水层：由二$_1$ 煤层之上的中粗粒砂岩组成，以大占和香炭砂岩为主，一般有砂岩 1 ~4 层，厚度 1.10 ~34.27m。未发现涌、漏水现象，含水性弱，属孔隙裂隙承压水。

该层为二$_1$ 煤层顶板直接充水含水层，因此，山西组砂岩之孔隙裂隙水可直接进入二$_1$ 煤层矿床。

（7）下石盒子组砂岩含水层：由 2 ~3 层灰白色层状中粗粒长石英砂岩组成，间夹泥岩、砂质泥岩，为一些互不发生水力联系的含水岩组，砂岩厚 3.0 ~ 25.0m。其中砂锅窑砂岩较稳定，其他常相变为砂质泥岩或尖灭。嵩山井田 6803 孔抽水，涌水量 1.3L/s，单位涌水量 0.1L/(s · m)，渗透系数 0.816m/d，水位标高 321.64m，属孔隙裂隙承压水，水质为 HCO_3-CaMg 型水。pH 值 7.25，矿化度 0.404g/L。

（8）第四系砂砾石含水层：以冲积、洪积和坡积为主的砂、砾石含水层。据 6601 孔抽水结果，水位下降 28.04m，涌水量 0.608L/s，单位涌水量 0.0217L/(s · m)。渗透系数 0.185m/d。静止水位深度 19.83m，水位标高 286.95m，为孔隙潜水，水质为 HCO_3-CaMg 型水。pH 值 7.95。矿化度 0.373g/L，水温 17.5℃。

6.1.4　工作面开采情况

河南永华能源有限公司嵩山煤矿 2204 工作面为赵城水库下开采的试采工作面（工作面与水库相对位置关系如图 6-3 所示），位于嵩山背斜西翼，为单一缓

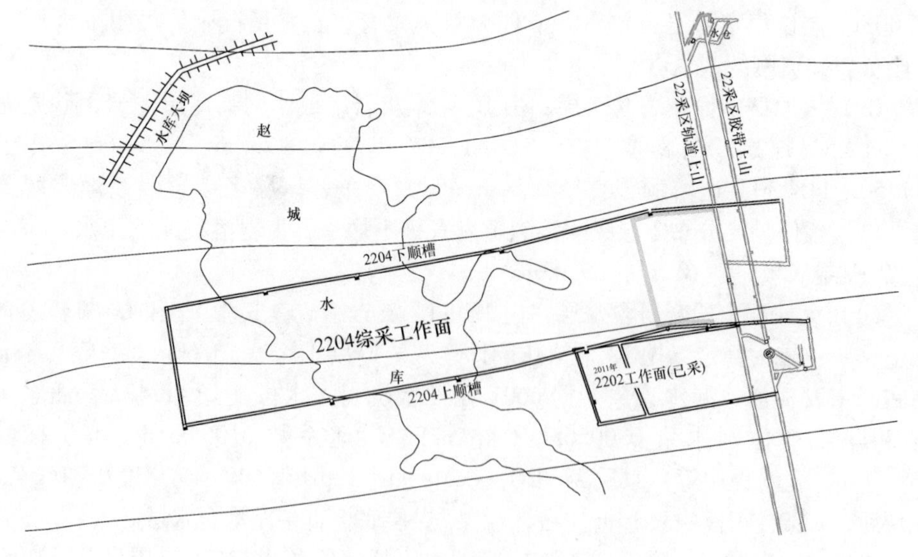

图 6-3　2204 工作面与水库井上下对照图

倾斜构造，煤（岩）层走向近东西（260°），倾向北（350°），结构简单，该工作面走向长1044m，倾斜长180m，煤层厚度在1.5～8.5m，平均厚度为4.5m，局部含夹矸一层，夹矸厚度0.1～0.4m。倾角较缓，倾角为9°～20°，平均为15°；平均采深为423m。

6.2　覆岩破坏特征的理论研究

6.2.1　覆岩破坏分带

覆岩的移动破坏是由下向上逐层发展的。由于采空区边界煤壁受支承压力作用，处于应力增高区，在靠近采空区边界处，覆岩的移动及破坏与采空区中部有着明显的不同。一般情况下靠近采空区边界处覆岩的移动与破坏程度明显加剧，覆岩破坏的高度明显大于采空区的中部。对于缓倾斜、倾斜煤层，采后覆岩破坏特征、破坏形态、发育高度以及裂缝的连通性都表现出一致性。图6-4给出了缓倾斜煤层采后覆岩破坏的分带特征。

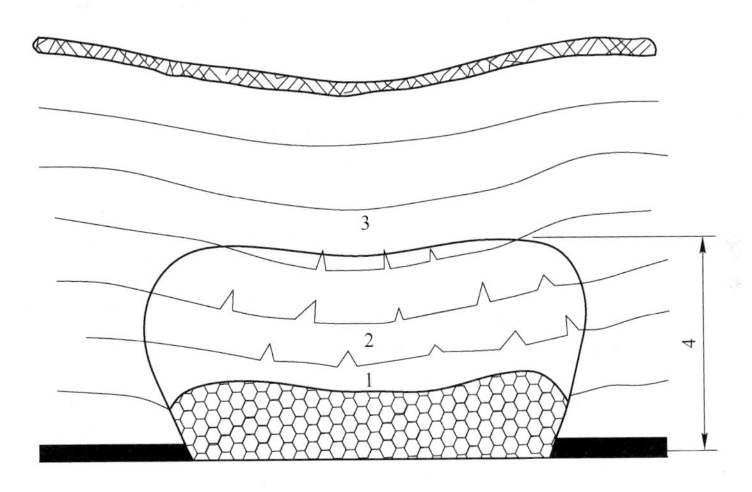

图6-4　覆岩破坏分带特征

1—冒落带；2—裂缝带（裂隙带）；3—弯曲下沉带；4—导水裂缝带

由图6-4可以看出，自下而上破坏覆岩可分为三个带：冒落带、裂缝带（裂隙带）、弯曲下沉带。需要指出的是“三带”之间并没有明确的界限，只是人们根据覆岩垮落程度的不同而进行的人为划分。对于水体下采煤，需要考虑地表或含水层中的水体与采场之间的水力联系。“三带”的导水能力表现为：冒落带的导水性最强，裂缝带次之，弯曲下沉带最弱。由于冒落带和裂缝带都能成为导水的良好通道，常把冒落带和裂缝带合称为导水裂缝带，导水裂缝带发育高度是水体下采煤时要考虑的重要指标。

6.2.2　导水裂缝带的发育形态

导水裂缝带发育形态（见图6-5）受煤层倾角影响较大。实测研究和理论分析都表明，当埋深达到一定深度时，对于近水平及缓倾斜煤层，采后覆岩导水裂缝带的发育形态大致呈马鞍形。随着倾角的逐渐增大，马鞍形逐渐消失，裂缝带发育形态变为抛物线状。而在走向方向上，覆岩破坏形态仍为马鞍形。

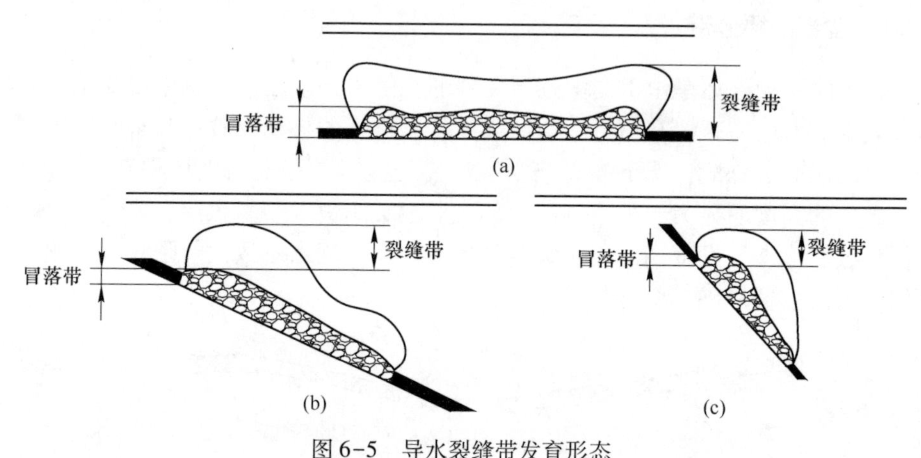

图6-5　导水裂缝带发育形态

（a）近水平及缓倾斜煤层；（b）倾斜煤层；（c）急倾斜煤层

6.2.3　影响导水裂缝带发育高度的因素

以往研究表明，影响覆岩破坏发育的主要因素有：煤层开采厚度、开采方法、顶板管理方法、覆岩岩性及其结构组成、煤层倾角、地质构造、回采速度、时间因素等，其对覆岩破坏高度的影响分述如下：

（1）开采厚度和采空区尺寸的影响。开采厚度是导水裂缝带高度的主要影响因素。在煤层顶底板岩性相近条件下，煤层采出厚度越大，覆岩破坏的强度和范围也越大。当其他条件一定及中厚煤层单层开采或厚煤层第一分层开采时，水裂缝带高度与开采厚度近似呈线性关系；厚及特厚煤层分层开采或综放开采时，水裂缝带高度与开采厚度近似呈分式函数关系。在传统的经验公式中（“三下”规程、“矿井水文地质规程”），开采厚度是预计导水高度的唯一影响参数。

对于走向长壁开采来说，采空区尺寸包括工作面走向长度以及工作面倾向长度，一般而言，对于机械化开采走向长度一般能够达到充分采动，而制约导水裂缝带发育高度的采空区尺寸主要是工作面倾向斜长，研究成果表明：导水裂缝带高度随着工作面倾斜长度的增加而增大，发育至最大高度后，再受倾斜长度影响。

（2）煤层倾角的影响。当开采缓倾斜煤层、倾斜煤层和急倾斜煤层时，导水裂缝带在倾斜方向上的形态分别为马鞍形、抛物线形和椭圆形。根据煤层倾角的不同，在《“三下”规程》中，对于不同的计算公式，一般而言，其他影响因素不变的情况下，煤层倾角越大，导水裂缝带发育高度就越大。

（3）顶板管理方法的影响。顶板管理方法是控制覆岩破坏变形最大值的重要因素，全部垮落法管理顶板，覆岩发生变形破坏最为严重，通常能在上覆岩层内形成“三带”特征，因此对水体下采煤也最为不利；充填法管理顶板，用充填材料限制顶板岩层的垮落破坏，使其仅发生弯曲变形。与垮落法相比，导水断裂带高度会大幅降低；采用煤柱支撑法（条带法、房柱法、刀柱法）管理顶板时，若所留设的煤柱能支撑顶板，尽管开采部分的顶板局部垮落，导水断裂带还能孤立存在但发育高度会很小；如果所留煤柱太窄，煤柱会被压垮，此时覆岩破坏高度与全部垮落法基本相同。

（4）覆岩岩性及其组合结构的影响。《“三下”规程》中，根据覆岩的单向抗压强度，将覆岩分为坚硬、中硬、软弱和极软弱四类。对于坚硬和中硬覆岩，空区主要靠垮落覆岩碎胀性充填，发育过程较充分，且覆岩垮落前隔水性较差，垮落后难以恢复其隔水能力，水裂缝带高度相对较大；对于软弱和极软弱覆岩，空区主要靠垮落覆岩的下沉充填，发育过程不充分，且覆岩垮落前隔水性较好，垮落后容易恢复其隔水能力，导水裂缝带高度相对较小。

由于煤系地层岩体结构的复杂性，可将覆岩岩性按照不同的组合结构划分为四种类型，即坚硬-坚硬型、软弱-软弱型、软弱-坚硬型、坚硬-软弱型。实测结果和理论分析都表明，不同岩性的覆岩组合，采后覆岩的破坏高度是不同的，表现出一定的规律性。

（5）煤层开采深度的影响。覆岩垂直应力随着煤层埋深增加而增大，上覆岩层断裂是由于矿山压力大于岩层的极限抗拉强度。一般情况下，工作面围岩的原岩应力随深度增加而增大，此开采深度对导水高度造成一定的影响。

（6）重复采动的影响。研究表明：无论是煤层群开采的首分层开采还是厚煤层分层开采的首分层开采，初次开采对整个覆岩的破坏强度和范围有较大的影响。原因是覆岩受初次采动影响，上覆岩层的强度降低，这等价于岩体强度被弱化。当后续再开采其他煤层时，被弱化的覆岩再次受采动影响时发生变形破坏的强度和范围都将减弱。实测资料表明：许多情况下，开采第一个分层后，导水裂缝带高度占全采情况下的一半左右。以后逐次重复采动时覆岩破坏高度的增长率分别为1/6、1/12、1/20、1/30。当重复采动次数达到一定值以后，继续进行开采对覆岩破坏高度的影响已不明显。从这个角度考虑，对于水体下采煤，分层开采有利于降低覆岩破坏高度，提高水体下开采的安全性。

（7）时间的影响。时间的长短决定了覆岩破坏和重新压密的程度。一般来说，覆岩的破坏滞后于回采，而垮落岩块的压实又滞后于垮落过程。覆岩破坏的发展可分为两个阶段：

1）在发展到最大高度之前，破坏高度随时间的推移而增大，对于中硬覆岩，在工作面回柱放顶 1 ~ 2 个月内，导水裂缝带高度发展到最大，对于坚硬岩层，该过程时间更长一些；

2）发展到最大高度后，导水裂缝带高度随垮落带的压实而逐渐降低。

时间因素的影响还表现在随时间的增加，导水裂缝带内的裂缝会逐渐闭合一部分，从而减小破坏带内岩层的渗透性或恢复原有的隔水性。这种影响在软弱覆岩条件下尤为显著。

（8）重复采动的影响。煤层群的第一层或厚煤层的第一分层开采后，上覆岩层产生破裂，覆岩强度降低，使得以后的回采相当于在变软了的岩层内进行。实测资料表明，第一分层开采后，覆岩破坏的高度已经达到重复采动最终结果的一半。随着重复采动覆岩破坏高度的增长率分别为 1/6、1/12、1/20、1/30、…。可见，重复采动次数达到某一数值后，继续开采对覆岩破坏高度的影响很小。因此，厚煤层开采时，多分几层开采可使覆岩破坏高度减小。

6.3 基于组合岩梁和关键层理论的岩层破坏高度的力学分析

采场上覆岩层为层状结构沉积岩，以某一层或多层岩层为研究对象，其变形和破坏过程类似组合板受力破坏，因此可将其视为由不同厚度、不同性质的岩板有序叠合而成的组合板。将采矿过程中岩层的垮落、弯曲和离层抽象为组合板的弯曲，另外回采工作面倾斜方向远大于基本顶的悬露跨距，因此采场覆岩可以简化为组合岩梁模型[38]。

6.3.1 覆岩岩梁组合的判断

根据组合岩梁的原理，假设将顶板第一层到第 n 层定义为组合岩梁。按照组合梁理论，这 n 层岩层将同步协调变形，形成组合岩梁。第 n 层岩梁对第一层岩梁影响形成的载荷为：

$$(q_n)_1 = \frac{E_1 h_1^3(\gamma_1 h_1 + \gamma_2 h_2 + \cdots + \gamma_n h_n)}{E_1 h_1^3 + E_2 h_2^3 + \cdots + E_n h_n^3} \tag{6-1}$$

式中 $(q_n)_1$——考虑到第 n 层岩层对第 1 层岩层影响时所形成的载荷，MPa；

E_n——第 n 层岩层的弹性模量，GPa；

h_n——第 n 层岩层的层厚，m。

当计算得到 $(q_{n+1})_1 < (q_n)_1$ 时，则认为 $(q_n)_1$ 作为作用于第 1 层岩层单位面积的载荷。

根据上述原理，依据永华能源嵩山煤矿 2204 工作面周围的钻孔柱状图和岩石力学参数进行分析，对嵩山矿覆岩组成进行判别，共划分出四组组合岩梁，如表 6-1 所示。

表 6-1 嵩山煤矿 2204 工作面覆岩组成及组合岩梁判别结果

序号	岩性	层厚 h/m	弹性模量 E/GPa	体积力 /MN · m^{-3}	抗拉强度 R_t/MPa	备注
1	砂质泥岩	2.34	21.2	0.025	3.50	岩层组合Ⅳ（主关键层）
2	细粒砂岩	2.66	28.7	0.024	6.00	
3	砂质泥岩	17.40	21.2	0.025	3.50	
4	细粒砂岩	3.16	28.7	0.024	6.00	
5	砂质泥岩	14.00	21.2	0.025	3.50	
6	泥岩	7.00	19.8	0.026	2.00	
7	中粒砂岩	5.20	51.6	0.025	7.00	
8	砂质泥岩	12.91	21.2	0.025	3.50	
9	细粒砂岩	7.90	28.7	0.024	6.00	
10	砂质泥岩	2.50	21.2	0.025	3.50	
11	细粒砂岩	26.50	28.7	0.024	6.00	
12	中粒砂岩	6.15	51.6	0.025	7.00	岩层组合Ⅲ（亚关键层Ⅱ）
13	砂质泥岩	27.54	21.2	0.025	3.50	
14	细粒砂岩	9.05	28.7	0.024	6.00	岩层组合Ⅱ（亚关键层Ⅰ）
15	砂质泥岩	5.65	21.2	0.025	3.50	
16	中粒砂岩	2.78	51.6	0.025	7.00	
17	砂质泥岩	1.14	21.2	0.025	3.50	
18	中粒砂岩	10.9	51.6	0.025	7.00	
19	砂质泥岩	2.03	21.2	0.025	3.50	
20	细粒砂岩	7.77	28.7	0.024	6.00	
21	砂质泥岩	22.67	21.2	0.025	3.50	
22	细粒砂岩	2.12	28.7	0.024	6.00	岩层组合Ⅰ（基本顶）
23	砂质泥岩	2.30	21.2	0.025	3.50	
24	细粒砂岩	8.00	28.7	0.024	6.00	
25	砂质泥岩	3.25	21.2	0.025	3.50	直接顶
26	煤层	4.50	18.7	0.014	1.20	煤层
27	粉砂岩	6.30	28.7	0.025	6.20	底板
28	砂质泥岩	5.60	21.2	0.025	3.50	
29	石灰岩	3.00	32.1	0.026	5.80	

6.3.2 覆岩组合岩梁的极限跨距计算

地下煤层开采后，顶板岩层在初次断裂前发生弯曲下沉，由材料力学理论可知：梁内任意一点的正应力 σ 为：

$$\sigma = \frac{My}{J_z} \tag{6-2}$$

式中 M——该点所在断面的弯矩；

y——该点离断面中性轴的距离；

J_z——对称中性轴的断面矩。

根据固定梁计算，取梁的单位宽度，则最大弯矩发生在梁的两端，有 $M_{max} = qL^2/12$。一般以岩层的抗拉强度作为岩梁破断判据，即岩层在该点处的正应力达到该处的抗拉强度极限 R_t 时，岩层将发生拉裂，此时梁断裂的极限跨距 L_o 为：

$$L_o = h\sqrt{\frac{2R_t}{q}} \tag{6-3}$$

将覆岩岩层参数代入式（6-3）得到：直接顶的极限垮落步距为29.58m，基本顶组合岩层的极限垮落步距为38.52m，主关键层的极限垮落步距为83.29m。

煤层开采引起的导水裂隙与采动岩层破断运动有关，而岩层的破断运动受关键层的控制，因此导水裂隙演化必然受关键层结构的影响。研究结果表明[14]：主关键层距开采煤层高度大于（7～10）M 时，导水裂隙带高度受亚关键层位置的影响，即导水裂隙将发育至临界高度（7～10）M 上方最近的亚关键层Ⅱ底部，导水裂隙带高度等于该关键层距开采煤层的高度。

临界高度（7～10）$M\cos\alpha$（α 为煤层倾角，取15°），计算可得临界高度为30.43～43.47m，远小于主关键层与煤层顶板的高度77.66m，因此可以判断导水裂隙带的极限高度为77.66m。认为导水裂隙带不会导通主关键层以上的基岩，不会引起地表水体溃入井下，造成安全事故。

6.4 基于现场实测的类比经验法计算导水裂隙带高度

6.4.1 《“三下”规程》经验公式法

《建筑物、水体、铁路及主要井巷煤柱留设与压煤开采规程》（简称《“三下”规程》）[39] 给出了缓倾斜条件下导水裂缝带高度预计公式。由于以往采煤方法多采用炮采、普采方法，一次采厚较小，该经验公式适用条件为：单层采厚小于3m，累计采后小于15m。

（1）当煤层顶板岩层内有极坚硬岩层时，单一煤层开采垮落带的高度预计公式为：

$$H_m = \frac{M}{(K-1)\cos\alpha} \tag{6-4}$$

式中　M——煤层采厚；

K——冒落岩石碎胀系数；

α——煤层倾角。

（2）当煤层顶板为软岩与硬岩互层时，单一煤层开采垮落带的最大高度预计公式为：

$$H_m = \frac{M - W}{(K-1)\cos\alpha} \tag{6-5}$$

式中　W——冒落过程中顶板的下沉值。

（3）根据永华能源嵩山煤矿22采区内多个钻孔柱状资料的统计，22采区煤层上覆岩层主要由中粒砂岩、细粒砂岩、粉砂岩、砂质泥岩、泥岩等岩层互层组成，经统计分析得，砂岩、粉砂岩、砂质泥岩、泥岩所占的比例大致为0.15：0.06：0.63：0.16，覆岩岩性属软弱偏中硬型。

对于软岩与硬岩互层，厚煤层分层开采垮落带高度预计公式见表6-2。

表6-2　缓倾斜厚煤层分层开采垮落带、导水裂缝带计算公式

覆岩岩性强度	垮落带计算公式	导水裂缝带计算公式	
		公式（一）	公式（二）
坚硬	$H_m = \frac{100\sum M}{2.1\sum M + 16} \pm 2.5$	$H_{li} = \frac{100\sum M}{1.2\sum M + 2.0} \pm 8.9$	$H_{li} = 30\sqrt{\sum M} + 10$
中硬	$H_m = \frac{100\sum M}{4.7\sum M + 19} \pm 2.2$	$H_{li} = \frac{100\sum M}{1.6\sum M + 3.6} \pm 5.6$	$H_{li} = 20\sqrt{\sum M} + 10$
软弱	$H_m = \frac{100\sum M}{6.2\sum M + 32} \pm 1.5$	$H_{li} = \frac{100\sum M}{3.1\sum M + 5.0} \pm 4.0$	$H_{li} = 10\sqrt{\sum M} + 5$
极软弱	$H_m = \frac{100\sum M}{7.0\sum M + 63} \pm 1.2$	$H_{li} = \frac{100\sum M}{5.0\sum M + 8.0} \pm 3.0$	

注：$\sum M$为累计采厚，$\sum M<15$m；M为单层采厚，$M<3$m；±为中误差。

综放一次采全高时，上覆岩层破坏高度与分层开采相比更为严重。为安全起见，在利用经验公式计算时，表中误差项均按正号取值。根据永华能源一矿22采区煤层赋存条件，考虑不同开采厚度条件下覆岩破坏高度，用表6-2中的公式计算覆岩破坏高度见表6-3。

表6-3　覆岩导水裂隙带发育高度计算

累计开采厚度/m	公式（一）				公式（二）			
	垮落带高度/m		裂缝带高度/m		垮落带高度/m		裂缝带高度/m	
	软弱	中硬	软弱	中硬	软弱	中硬	软弱	中硬
4.5	9.01	13.41	27.74	47.27	—	—	26.21	52.42

6.4.2 综放开采工作面导水裂隙带线性回归公式

《"三下"规程》中给出的经验公式简单易用，但是规程中导水裂隙带观测值仍然是20世纪50~80年代炮采、普采、分层开采工作面的实测值。当时的采矿地质条件埋深浅，一次采高小，开采强度低，煤层赋存条件简单。这与当前综采工作面开采条件有着很大的区别，仅利用规程中经验公式预计覆岩破坏高度会产生很大的误差。因此，研究综采条件下覆岩破坏高度的预计公式有着重要的现实意义。

文献[40]列举了全国多个矿区不同地质和不同采矿条件下若干个综放工作面的"两带"高度实测值，按覆岩岩性分别进行归类整理，根据《"三下"规程》中公式具有普遍的适用性，对综放工作面"两带"高度经验公式的回归分析，得到不同覆岩类型条件下综放工作面"两带"高度经验公式，具体见表6-4。

表6-4 综放工作面"两带"高度修正公式

覆岩岩性	类型	回归公式	待定参数 b	待定参数 a	相关系数 R	样本量 n	拟合公式
中硬	垮高	$\hat{y}=0.0020+0.2087\hat{x}$	20.87	0.2	0.906	9	$H_m=\dfrac{100\sum M}{0.2\sum M+20.87}$
	裂高	$\hat{y}=0.0019+0.0774\hat{x}$	7.74	0.19	0.907	17	$H_{li}=\dfrac{100\sum M}{0.19\sum M+7.74}$
软弱	垮高	$\hat{y}=-0.0093+0.3886\hat{x}$	38.86	-0.93	0.880	8	$H_m=\dfrac{100\sum M}{-0.93\sum M+38.86}$
	裂高	$\hat{y}=-0.0038+0.1346\hat{x}$	13.46	-0.38	0.918	20	$H_{ln}=\dfrac{100\sum M}{-0.38\sum M+13.46}$

利用表6-4中拟合函数，修正拟合线性公式中的误差，一般情况下取正值。修正的预计公式具体见表6-5。

表6-5 综放工作面"两带"高度修正预计公式

岩性	垮落带高度预计公式	导水裂缝带高度预计公式
中硬	$H_m=\dfrac{100M}{0.20M+20.87}\pm 6.43$	$H_{li}=\dfrac{100M}{0.19M+7.74}\pm 13.26$
软弱	$H_m=\dfrac{100M}{-0.93M+38.86}\pm 12.87$	$H_{li}=\dfrac{100M}{-0.38M+13.46}\pm 15.96$

永华能源嵩山煤矿应用计算：利用表6-5中的修正公式计算得到永华能源嵩山矿"两带"高度，计算结果见表6-6。

表6-6 利用修正公式计算导水裂缝带高度

累计采厚/m	垮落带高度/m		导水裂缝带高度/m	
	软弱	中硬	软弱	中硬
4.5	12.98	27.10	41.46	65.62

6.4.3 综放工作面导水裂隙带非线性回归公式

研究表明[41~43]，导水裂缝带的影响因素包括煤层开采厚度、开采方法、顶板管理方法、覆岩岩性及其结构组成、煤层倾角、地质构造、回采速度、时间因素等。因此，尽可能多地考虑多种因素对于导水裂缝带的影响，对于揭示覆岩破坏与各影响因素之间的关系，准确预计其发育高度有着重要的意义。文献［42］利用非线性回归统计方法研究了多种因素（煤层采高 M、工作面倾斜长度 l、开采深度 H、工作面推进速度 v、硬岩岩性系数 b 等）与导水裂缝带的关系：

（1）考虑采高 M、硬岩岩性系数 b 时有：

$$H_{li} = 4.24M + 39.8b + 12.8 \tag{6-6}$$

（2）考虑采高 M、硬岩岩性系数 b、工作面倾斜长度 l 时有：

$$H_{li} = 3.74M + 37.52b + 1.95\ln l + 6.84 \tag{6-7}$$

（3）考虑采高 M、硬岩岩性系数 b、工作面倾斜长度 l、开采深度 H 时有：

$$H_{li} = 3.47M + 28.36b + 1.89\ln l + 0.13\exp\left(5.346 - \frac{426.243}{H}\right) + 6.04 \tag{6-8}$$

（4）考虑采高 M、硬岩岩性系数 b、工作面倾斜长度 l、开采深度 H、工作面推进速度 v 时有：

$$H_{h} = 3.41M + 27.12b + 1.85\ln l + 0.11\exp\left(5.346 - \frac{426.243}{H}\right) + 0.64v + 6.11 \tag{6-9}$$

硬岩岩性系数 b 是指煤层顶板以上、统计高度以内（导水裂缝带发育高度）硬岩与统计高度的比值，参与统计的统计高度以内的砂岩（细砂岩、中砂岩、粗砂岩）、混合岩、火成岩等。计算公式为：

$$b = \frac{\sum h}{(15 \sim 20)M} \tag{6-10}$$

式中 b——硬岩岩性系数；

$\sum h$——估算“两带”高度（一般取 15～20 倍采高）以内硬岩累计厚度；

M——采厚。

b 值介于 0～1 之间，b 值越大说明覆岩岩性越硬；反之说明覆岩岩性越软。

利用式（6-6）～式（6～9）计算 22 采区导水裂缝带发育高度，采高按 4.5m 计算，硬岩岩性系数 b 根据区内钻孔柱状图取 0.54，工作面倾斜长度 l= 180m，采深 H=430m，工作面推进速度 v=1.5m/d。计算值见表 6-7。

表 6-7 导水裂缝带非线性回归公式计算结果

累计采高/m	导水裂缝带高度/m			
	式(6-6)	式(6-7)	式(6-8)	式(6-9)
4.5	53.37	54.06	58.12	55.23

6.4.4 导水裂缝带高度经验公式的综合分析

根据上述基于组合岩梁和关键层理论的岩层破坏高度的力学分析结果、《“三下”规程》经验公式计算结果、综放开采工作面导水裂隙带线性回归计算结果以及综放工作面导水裂隙带非线性回归计算结果，综合以上计算值，导水裂缝带发育高度汇总见表 6-8。

表 6-8 导水裂缝带发育高度汇总表

采厚/m	导水裂缝带高度/m						
	“三下”规程公式（一）	“三下”规程公式（二）	表 6-5 公式	式（6-6）	式（6-7）	式（6-8）	式（6-9）
4.5	47.27	52.42	65.62	70.19	60.66	67.37	62.91

从表 6-8 中可以看出，根据《“三下”规程》中给出的经验公式计算结果，该工作面上部导水裂隙带发育高度分别为 47.27m 和 52.42m，整体比综放开采现场实测值线性拟合和非线性拟合计算结果小。说明《“三下”规程》中现场实测矿井主要采取普采或分层开采，开采强度相对较小。而现阶段主要采用的一次采全高或者综放开采，煤层开采厚度较大，开采强度较大，因此相对于分层开采而言，导水裂隙带发育较高，因此若单纯地利用规程中经验公式预计覆岩破坏高度会产生很大的误差。

综上所述，对于永华能源嵩山煤矿 2204 工作面来说，为保障赵城水库下开采的安全性，工作面采空区上覆岩层的导水裂隙带发育高度取表 6-8 中最大值 70.19m，采空区上覆裂采比为 15.60。

综合比较，基于组合岩梁和关键层理论的岩层破坏高度的力学分析认为，2204 工作面上方导水裂隙将发育至临界高度（7 ~ 10）M 上方最近的亚关键层Ⅱ底部，导水裂隙带高度等于该关键层距开采煤层的高度，从而判断导水裂隙带的极限高度为 77.66m。而通过对国内综放开采导水裂隙带发育高度的经验分析，利用线性拟合和非线性拟合的方法，得到导水裂隙带发育高度为 70.19m。两种方法计算都验证了导水裂隙带不会导通主关键层以上的基岩，不会引起地表水体溃入井下，造成安全事故。

7　水体下开采覆岩破断及裂隙演化规律

煤岩体在原始沉积环境下，虽然具有原生裂隙，但是在未受采动影响的情况下，处于原岩平衡状态。当煤层开挖后工作面周围的岩层应力的应力状态发生改变，原生裂隙产生应力集中后迅速起裂、扩展、汇聚形成主裂纹，并相互贯通形成采动裂隙网[44,45]。国内外学者对覆岩采动裂隙进行了较多研究，钱鸣高院士提出了采空区上部变形岩层形成“O”形圈理论；张勇结合断裂力学和细观岩石力学理论，分析了裂隙的细观扩展及宏观裂隙通道的形成，为瓦斯抽采提供了依据[46]；黄炳香、林海飞[47,48]等学者运用相似模拟的试验手段研究了采空区顶板采动破断裂隙的产生、发展和演化规律，以顶板裂隙生成、冒落情况对抽放工艺进行优化设计，在现场应用中提高了抽放效果。另外，在地表水体及覆岩含水层下采煤时，采动岩体裂隙作为矿井突水的通道，工程实践中对覆岩导水裂隙带的计算及覆岩裂隙演化规律的研究，是判断矿井突水发生条件、进行矿井水害防治研究的重要理论基础，对此许多学者也进行了卓有成效的研究。然而覆岩裂隙的演化规律与顶板岩层的破断运动相关，采动岩层破断运动受关键层的控制，因此导水裂隙演化必然受关键层结构的影响[9]。本章以永华能源嵩山煤矿赵城水库下采煤为工程背景，采用关键层和组合岩梁理论，结合相似模拟试验对组合岩梁和关键层破断过程中，覆岩的破断特征与采动裂隙的演化规律进行研究。

7.1　采动覆岩物理相似模拟实验方案

相似模拟试验是以相似理论为基础的实验室模型试验技术，是利用事物或现象间存在的相似和类似等特征来研究自然规律的一种方法。它特别适用于那些难以用理论分析方法获取结果的研究领域，同时也是一种用于对理论研究结果进行分析和比较的有效手段。

对于煤矿来说，原型试验时间长、耗资大，而且试验结果不利于推广，而模拟试验方法灵活，具有条件容易控制、破坏形式观察直观、试验周期短、可以重复试验等特点，可对各种地质采矿条件进行方便的模拟研究，能最大限度地反映物理本质。煤层上覆岩层结构特征和工作面顶板超前支承应力分布的复杂性都难以直接在现场实施观察作业。而通过相似模拟试验，可以直观观测顶板岩层的变形特征和上覆岩层冒落后的结构特征，借助试验仪器可得工作面顶板超前支承应力的变化规律及顶煤的破碎情况，从而可以指导工作面安全生产。

7.1.1 模型的尺寸及相似系数的确定

7.1.1.1 相似材料模拟试验设计

根据永华能源嵩山矿的实际地质条件，实验室模拟二$_1$煤层采动影响范围，模拟二$_1$煤层开采对上覆岩层的采动影响，直观地得到在走向方向上随着工作面的推进导水裂隙带发育高度及形态的演化规律，最终为水体下开采引起的导水裂隙带发育高度及形态的研究提供参考。

A 相似材料的选取

相似材料的确定是相似模拟试验中的一个重要环节，选择相似材料一般要求：

（1）力学性能稳定，不因大气温度、湿度变化而发生较大的改变；

（2）改变配比后，能使其物理力学指标大幅度变化，便于选择使用；

（3）材料来源丰富，制作方便，凝固时间短，成本低；

（4）相似材料强度、变形均匀，便于测量，且材料本身无毒无害；

（5）模型材料与原型材料的变形及破坏特征相符合。

根据经验及本试验所模拟的岩层性质，决定以细河沙为骨料，以水泥和石膏为胶结材料，用四硼酸钠（硼砂）作为缓凝剂。

B 相似模拟模型地质条件

2204综采工作面是水库下开采的试采工作面，位于22采区西翼，西部至21采区边界，东部与2203工作面相邻（未开采），南部与2202采煤工作面相邻（已回采），北部为2206采煤工作面（未开采）。

2204综采工作面煤层位于嵩山背斜西翼，为单一缓倾斜构造，煤（岩）层走向近东西（260°），倾向北（350°），结构简单，煤层厚度在1.5~8.5m，平均厚度为4.5m，局部含夹矸一层，夹矸厚度0.1~0.4m。倾角较缓，倾角为9°~20°，平均为15°；平均采深为423m；推进速度为1.5m/d。

C 相似参数的确定

模型架要求有足够大的刚度，且具有一定的宽度，以保证模型的稳定性。以嵩山煤矿2204工作面为试验原型，根据现有试验条件，模型几何尺寸为：2.5m（长）×0.25m（宽）×1.16m（高），具体如图7-1所示。确定相似系数：模型几何相似系数为$a_l=200$；时间相似系数为$a_t=14.14$；容重相似系数为$a_r=15$；强度相似系数为$a_\sigma=300$。

7.1.1.2 初始条件及边界条件相似

由于无现场资料，可以近似认为是均质重力场，所以初始应力场是相似的。

图 7-1　试验模型示意图

7.1.2　模型的制作、加载及位移测量

7.1.2.1　模型制作

采用长×宽×高=2.5m×0.2m×1.4m 的平面应力模型台，模拟总厚度为 140m 的岩层。在模型两端各留 0.6m 的煤柱，模型回采长 1.3m。模型的骨料主要采用细河沙，胶结材料采用碳酸钙和石膏，为防止模型材料的过早凝固加入一定量的缓凝剂（硼砂）。将岩层的抗压强度作为模型材料的强度相似物理量，同时要求满足其他模型各物理量的相似系数。

在试验前，要仔细查看试验架、护板及螺栓情况，检查搅拌机的工作状况是否正常，准备好磅秤、电子天平（称量硼砂用），装水、溶解硼砂容器等。

模型的制作按以下步骤进行：

（1）在模板内表面涂上机油，并将其安装固定在模型架两侧；

（2）根据上述表格计算出分层材料用量，分别称量所需砂、水泥、石膏的重量，倒入搅拌机内，混合搅拌；

（3）向混合料中加入一定量的缓凝剂（硼砂）和水，搅拌均匀；

（4）将配制好的材料倒入模型架，用刮刀抹平，并捣固压实；

（5）边上模板，边倒入材料，重复步骤（1）～（4），直至设计高度；

（6）干燥一周后，拆掉两侧模板，继续干燥两周后便可进行开采和观测。

制作时应注意以下问题：层与层之间用云母粉隔开；同时对于比较厚的岩层在模型制作时每 2～5cm 分一层，分层之间亦用云母粉隔开。

7.1.2.2　模型加载

模型顶部加载是为了补足模拟深度未能包括的那部分岩层重量。由于开采形成支承压力，虽然该支承压力随着远离煤层而趋向缓和，但当模拟深度不大时，上部边界载荷分布并非均匀，且受到岩性影响，因此需要在加载重物与模型之间安置具有适当刚度的介质层，使介质层和下方岩层的相互作用产生合乎实际的压力重新分布。常用的加载方法主要有重物加载、液压缸加载、液压枕或气枕加载。本试验对于模型上未能模拟的煤层厚度，采用液压加载方式来实现。

$$F = \frac{\rho g h}{C_\sigma} lb = 10733.3\text{N} \tag{7-1}$$

式中　F——模型顶部外力；

ρ——岩层密度；

g——重力加速度；

h——岩层厚度；

C_σ——强度相似比；

l——模型长度；

b——模型宽度。

模型顶部的压力通过14个油缸施压获得，所以每个油缸施加的力为：

$$F_1 = \frac{F}{14} = 766.6\text{N}$$

单个油缸的面积为：

$$S = 3.14 \times \left(\frac{0.063}{2}\right)^2 = 3.116 \times 10^{-3}\text{m}^2 \tag{7-2}$$

则应控制模型顶部油缸油压为：

$$P = \frac{F_1}{S} = \frac{766.6}{0.003116} = 0.246\text{MPa}$$

模型采用平面应力模型，因此模型上方的岩层采用外部静载荷补充，经计算得到模型顶部油缸油压为0.214MPa。

7.1.2.3　模型应力和位移监测

A　应力场观测方法及测点布置

微型土压力盒相对于常规土压力盒具有较高灵敏度、结构简单、体积小的优点，更适合用于室内模型试验或较小比例的模型试验。应力测试采用DH3818 20通道静态应变仪，通过数据线与预先埋入模型中的微型土压力盒连接。在微型土压力盒埋入模型前，对其进行标定，以确定单位应变所对应的应力。每次加载后稳压30min，在应力传递基本完成后开始测试，各测点数据通过DH3818 20通道静态应变仪软件在电脑上直接读取。按标定的微型土压力盒的应力应变对应关系及相似比折算成实际岩体的应力，因此埋入微型土压力盒之前要进行标定。

B　位移场观测方法及测点布置

现行的位移场观测方法精度比较：采用经纬仪观测的精度为 $m<\pm 0.2$mm，小钢尺观测的极限误差为 0.2mm，摄影观测的极限误差为 0.3mm，百分表观测的极限误差为 0.14mm，灯光透镜法的极限误差为 0.178mm，由此可见，经纬仪观测方法与其他方法的观测精度相近，但在实际观测中，如灯光透镜法中对量测模型表面至屏幕的水平距离以及模型表面至透镜主平面距离的误差，一般都超过 1mm，透镜焦距一般在 40～70mm，因而其观测极限误差在 0.2～0.35mm。

该测量方法的优点是：经纬仪观测方法设置测点灵活，量程不受限制。在同样多的测点情况下，工作量与灯光透镜法大致相近，由于实验条件的限制故采用了该测量方法。

所以相似模拟试验中由于煤层开挖引起的上覆岩层位移量的监测采用电子全站仪，如图 7-2 所示。在模型的不同层位布置监测点，随着工作面的开采，用全站仪观测每次开采引起的各个测点的位移量，然后按几何相似比折算成原型岩体的位移量。

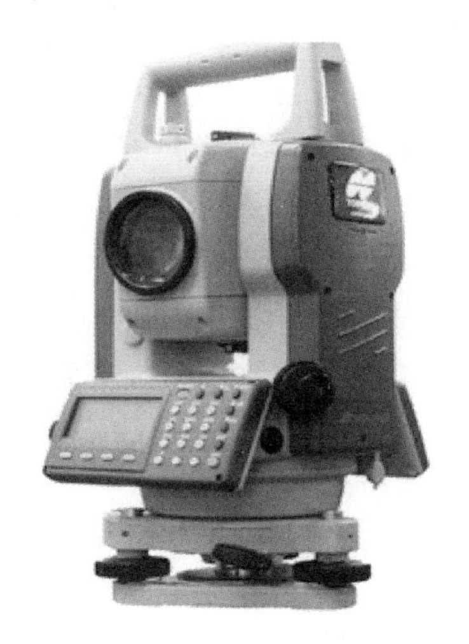

图 7-2　GTS-600 电子全站仪

岩层位移观测点布置：拆去护板后在模型的正面、覆岩内部插设测点。沿岩层方向布置 8 条观测线，每条测线布置 25 个观测点，合计共 200 个观测点（位移观测点的布置位置见图 7-3）。每条测线上各个测点的水平间距为 100mm。各观测点采用大头针穿 1cm^2 正方形纸片，通过经纬仪观测大头针来计算岩层及地表的位移情况。制作好的模型中观测线位置如图 7-3 所示。

7.1.3　模型的开挖

在模型边界留设 60cm 的边界煤柱，防止在开挖过程中发生边界效应，影响

图 7-3　各个观测线的位置图

采空区上覆岩层的运动[16]。然后以此为边界，开挖 3cm（对应原型值 6m，以下尺寸均为原型值）作为工作面的开切眼，然后以 6m 作为一个开挖步骤，并对开挖过程中的位移和岩层的裂隙进行记录。

7.2　覆岩破坏过程中岩层位移变化规律

虽然可以采用现场观测手段观测综放开采的覆岩破坏高度，而对采动上覆围岩应力场与裂隙场的研究主要是从不同角度论述了上覆围岩应力场的作用机制，因为在应力演变过程中，上覆岩层裂隙场的演化规律存在非可视性。相似材料模拟试验可以观测到一些现场无法观测的现象，能够模拟岩层在开采过程中遭受破坏的整个变形过程，可以对煤层开采上覆岩层的破坏过程、破坏形态、破坏范围及整个覆岩的变形活动规律进行深入的研究。

7.2.1　直接顶的初次垮落

在模型边界留设 60cm 的边界煤柱，防止在开完过程中发生边界效应，影响采空区上覆岩层的运动。然后以此为边界，开挖 3cm（对应原型值 6m，以下尺寸均为原型值）作为工作面的开切眼，后续进行工作面的开挖，当采空区的长度为 10m 时，煤层顶板上部第一层岩层出现竖向微裂缝，且出现离层。工作面推进 22m 时，煤层的伪顶发生垮落，如图 7-4 所示。直接顶明显产生离层，并随着工作面的推进直接顶的离层量逐渐增加，由图 7-5 可以看出离层量不断发展的变化。

当工作面的推进距离为 30m，直接顶发生垮落，垮落的岩层呈现出破碎状，填充采空区的空间，如图 7-6 所示。可知永华能源嵩山矿的初次来压步距为 30m 左右。

图 7-4　直接顶的垮落

图 7-5　直接顶的离层发育变化

图 7-6　模型直接顶的初次垮落

如图 7-7 所示，工作面推进 40m 时，直接顶的所有岩层逐渐破断，但是破断岩尚能够形成砌体结构，没有发生切顶破断，说明由于开采空间有限，采空区上覆的岩层运动不剧烈，直接顶未发生剧烈破坏，能够形成规则的铰接结构。

图 7-7　直接顶垮落形成的铰接结构

7.2.2　模型基本顶的垮落

随着工作面的继续推进，当工作面推进距离达到 52m 时，随着直接顶的逐渐破坏，工作面附近上方的直接顶铰接结构失稳，垮落至采空区；随即引起基本顶弯曲并发生两端张拉破裂，采空区上方的基本顶发生破断，但能够形成稳定的铰接结构。垮落后顶板覆岩裂隙分布如图 7-8 所示。可知该工作面的基本顶垮落步距为 52m 左右，基本顶的破断角切眼侧为 40°，煤壁侧为 52°，老顶的回转角为 6.5°。

图 7-8　采空区上覆基本顶发生破断

7.2.3 覆岩运动特征

基本顶垮落后，随着工作面的推进，基本顶在初次来压以后，裂隙带岩层形成的结构将始终经历“稳定——失稳——再稳定”的周期性变化，这种周期性过程被称为采场的周期来压，根据对周期垮落的岩层块段进行测量，可知工作面三次基本顶的垮落距离为40.5m，如图7-9所示。所以确定上覆岩层基本顶的周期来压步距平均为13.5m。

图7-9 基本顶的周期

上覆岩层不断断裂垮落，在煤壁前上方一定范围内的顶板岩层产生开口向上的裂隙，在煤壁后上方一定范围内的顶板岩层将产生开口向下的裂隙，并且后上方裂隙的间距稍大于前上方裂隙的间距，在煤壁后上方一定范围内的顶板岩层之间出现横向裂隙，即离层现象。基本顶上方的离层裂隙发育形态如图7-10所示；其中，在基本顶的两端由于基本顶的弯曲下沉产生拉剪破坏，产生纵向裂隙，但并未完全贯通，仍具有一定的隔水能力，但是基本顶岩层的中段则产生了贯穿裂隙，由此可以判断，虽然图中基本顶岩层的两端纵向裂隙并未贯通，但是随着工作面的进一步推进，基本顶的周期来压，基本顶将产生失稳，形成贯穿裂隙，构成了导水裂隙带。

随着工作面的推进，采动岩体裂隙自下而上逐步发展，对应于不同的工作面推进距离，形成不同的裂隙网络分布。当工作面推进一定距离时，在采动应力作用下首先在强度较低的层面开裂，左、右两侧的裂隙以层间开裂为中段，分别向

图 7-10　工作面开采上覆岩层裂隙发育情况

采空区内侧和外侧扩展，随着工作面的进一步推进，原有的采动岩体裂隙网络发生了变化，即扩展、闭合和张开，又叠加新的采动裂隙，从而使采动煤岩体裂隙分布更加复杂，当采掘工作结束且岩移基本稳定后，采空区中部离层基本闭合。随着工作面推进，裂隙发育区冒落带岩石在其上方岩石重力及自重作用下逐渐被压实，裂隙闭合，不断演化为局部裂隙闭合区。局部裂隙闭合使得渗流通道受阻，导水能力在很大程度上弱化甚至消失。

在这个过程中不仅产生顺层理面的离层裂隙，而且还由于拉应力的作用，产生大量的垂直或斜交于层理面的裂缝或断裂，裂隙富集区主要集中在前后煤壁。如图 7-11 所示，在模型走向方向上，采空区上覆岩层周围形成了挤压压实区和由于垂直或斜交层理的裂缝形成的裂隙发育区。

随工作面推进，覆岩周期性破断，始终在工作面附近（两次周期来压范围内 27m）形成贯通裂隙发育区，如图 7-12 所示。在裂隙发育区中，冒落带岩石垮落时间不长，岩块块度小，排列不规则，垂向、横向裂隙发育且宽度大；其上方裂隙带岩块较大，排列整齐，横向、竖向裂隙相对发育；横竖裂隙彼此连接贯通，也即形成数条导水通道，导水性明显增加。

7.2.4　覆岩运动的位移观测数据分析

通过对模型观测点的连续观测，可以得到在煤层开采过程中覆岩不同层位的岩层移动特征，可以定量地描述覆岩的运动状态。

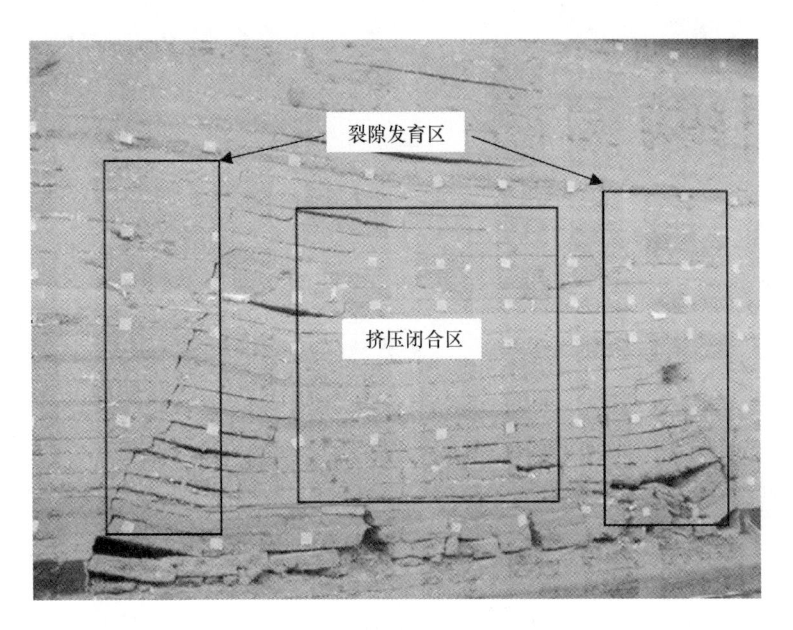

图 7-11　工作面裂隙的动态发育

图 7-12　采空区上覆岩层上部和下部不同的岩块形状

通过对煤层上覆第一条观测线开采前的首次观测和最终观测数据的分析，得到了观测线 1 所在岩层的运动情况。从图 7-13 可以看出，测点 1-19 由于顶板悬臂梁的作用，在上覆岩层的压力作用下，悬臂梁发生弯曲下沉，其下沉值为 1.126m；测点 1-20 的下沉值为 0.055m，这是由于在采动的影响下，煤壁侧受到采场支承压力的作用，煤壁侧发生应力集中，造成煤壁侧的煤体压缩变形。

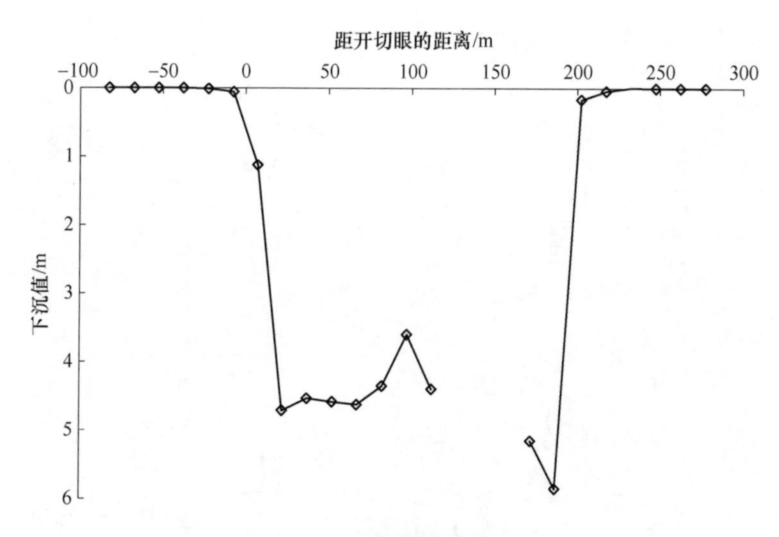

图 7-13　观测线 1 的覆岩运动

从图 7-13 还可以看出，由于该行测点位于煤层直接顶范围内，煤层开采后岩层发生破碎垮落，破碎的岩层回转变形，所以部分测点的下沉值大于煤层的开采厚度 4.5m。

观测线 2 位于中细粒砂岩基本顶范围内，从该测线各测点的位移可以看出在煤层开采后基本顶的运动。从图 7-14 可以看出，在煤层开采后直接顶垮落，并回填采空区，基本顶测线各点没有像图 7-13 出现下沉值大于煤层采厚的情况，且测线盆地底的测点变化不大，说明采空区基本顶两端虽然受到拉剪作用，岩层弯曲垮落，但是其岩层能保持原来的层状结构。

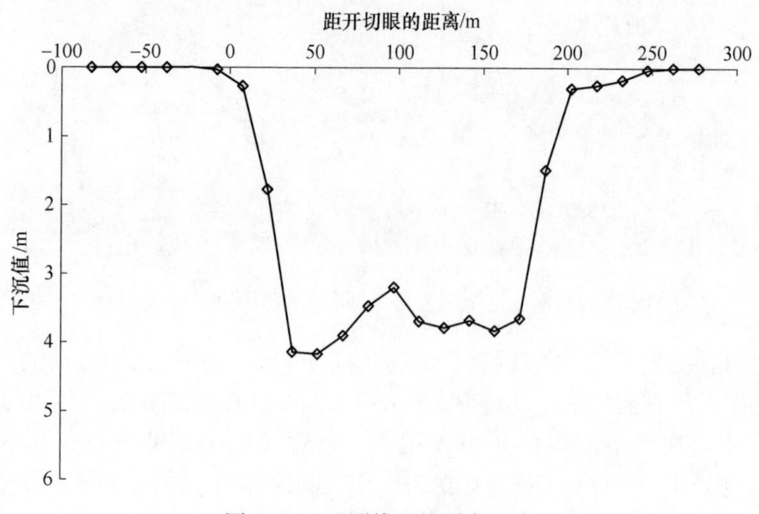

图 7-14　观测线 2 的覆岩运动

7.2.5 覆岩导水裂隙带的位移判别

从图 7-15 可知，相对于观测线 3 ~ 5 来说，观测线 6 的下沉值较小，说明岩层随着与采空区距离的增大，越远离采空区的岩层其覆岩运动越弱，岩层下沉值越小，这也就造成了从采空区向上竖直方向上可分为垮落带、裂隙带、弯曲下沉带的原因。而且可以看出，观测线 3 ~ 5 下沉曲线较为密集，可以判断：观测线 5 以下的岩层控制岩层变形的能力较弱，而观测线 5 以上至观测线 6 之间的岩层较下部岩层来说，其控制岩层移动变形的能力较强，所以其观测线 6 的下沉值较其他观测线来说变化较大。而决定岩层控制移动变形能力强弱的因素一方面是岩石的力学强度，另一方面是该岩层的节理和采动裂隙发育程度。所以可以判断，导水裂隙带发育在观测线 5 和观测线 6 之间。

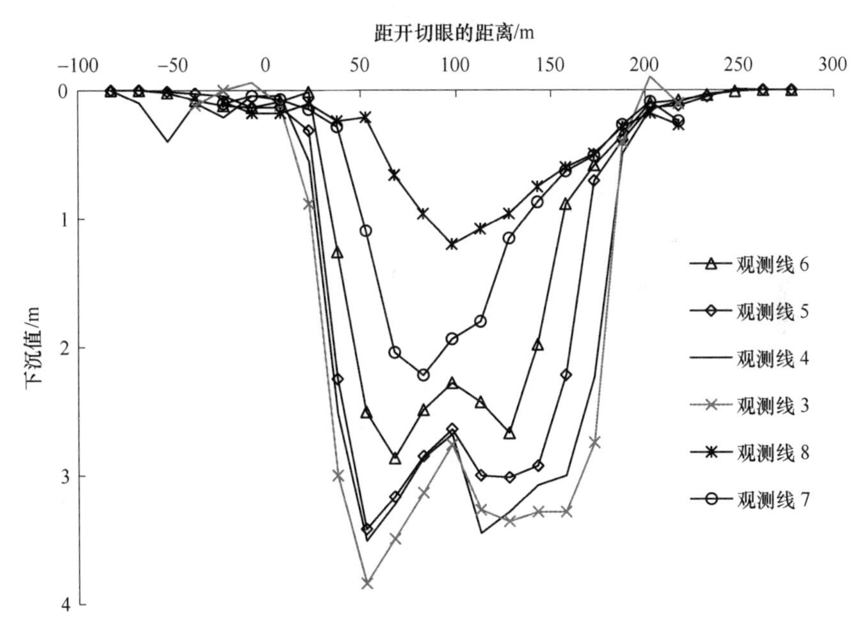

图 7-15 模型六条观测线的下沉值图

7.3 覆岩破坏过程中裂隙发育规律

导水裂隙带是水体下采煤危险性判断的一个重要参数，如果采场导水裂隙带的顶界波及地表水，地表水就会溃入工作面，造成严重的淹矿重大安全事故。因此，研究导水裂隙带发育高度以及覆岩破断过程中裂隙网络的演化规律，是水库下安全开采的重要依据[49]。

7.3.1　覆岩导水裂隙带发育高度

由7.2节相似模拟试验数据分析可知，当工作面与开切眼的距离达到118.00m、主关键层岩层控顶距达到80.14m时，主关键层下部离层距离最大，最大值为2.72m，而后发生破断。当达到主关键层极限跨距之后，主关键层及其上部控制的岩土发生同步断裂，关键层下部离层量减小。图7-16为工作面推进过程中观测线4、观测线5和观测线6采空区中部测点的动态下沉曲线，可以看出：位于关键层的观测线6在此过程中下沉曲线斜率较大，岩层垂直方向上下沉剧烈；并且位于主关键层下部的观测线4和观测线5处岩层受到上部岩土层载荷作用而发生压缩变形，层间离层量减小，在此过程中下沉曲线斜率也较大。

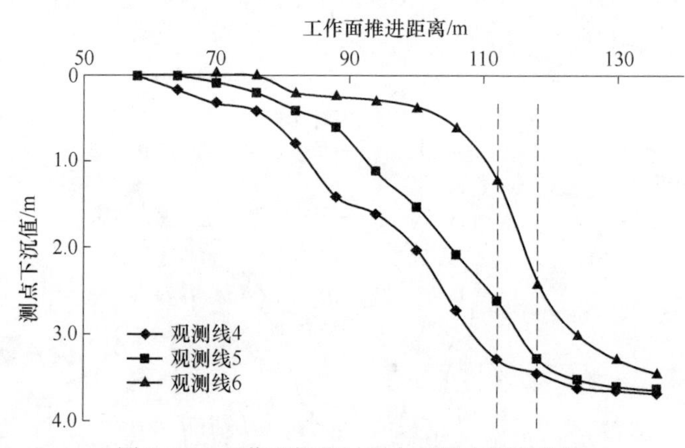

图7-16　工作面推进过程中观测点下沉曲线

本书将岩层是否产生贯穿裂隙作为导水裂隙带发育的判断标准，图7-17中局部放大图中的岩层虽然发生弯曲下沉，并且岩层两端发生一定程度的拉剪破裂，但未形成贯通整层的裂隙，仍具有一定的隔水能力。因此将未发生贯通裂隙的岩层作为导水裂隙带的顶界，判断得知导水裂隙带发育高度为60.8m，且冒落带高度为12.3m。开切眼侧的导水裂隙带发育角度为60°，相比较而言，停采线侧的导水裂隙带发育角度为55.3°，在破坏边界线的外侧，其围岩虽然处于弹性状态，但是以后受到岩层超前支承压力的作用，应力值升高，承载能力增强，于是形成了“结构拱”，也称“自然平衡拱”或者“裂隙拱”[50]。

从导水裂隙带发育的演化规律来看，随着工作面推进距离的增大，裂隙网络在覆岩铅垂方向上不断发展，在下部岩层碎胀效应的影响下，导水裂隙带发育高度趋于稳定。在此过程中，导水裂隙带呈现出台阶跳跃式的增长，如图7-18所示。具体表现为：当直接顶垮落后，导水裂隙带开始出现，并逐渐向上发育；当基本顶垮落完成后导水裂隙带发育曲线出现台阶上升；然后导水裂隙带发育高度曲线随着基本顶上方岩层组合Ⅱ的周期性垮落呈现出周期性的台阶增长，两台阶

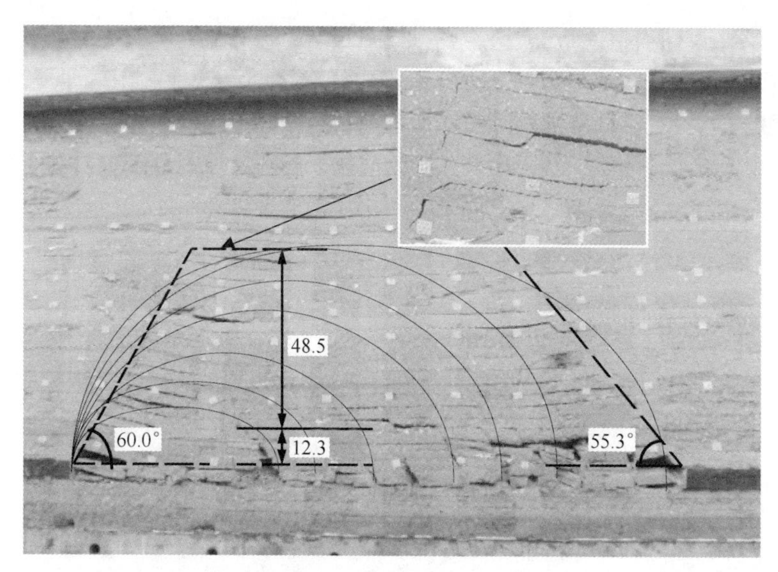

图 7-17 导水裂隙带发育高度及形态

的间距即为覆岩的周期垮落步距，其距离 L 为 10～15m，平均为 11.14m；当主关键层断裂后，覆岩导水裂隙带高度发育基本稳定，其高度最大值为 60.8m，小于力学理论计算的极限发育高度值 77.6m。

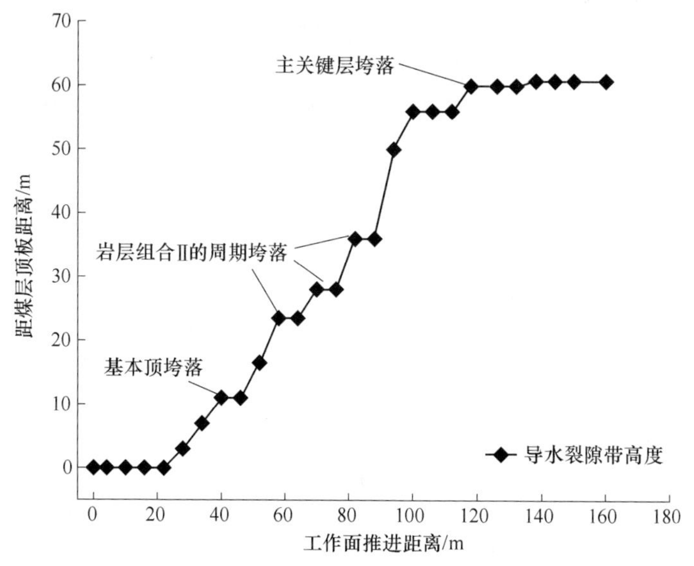

图 7-18 工作面推进距离与导水裂隙带发育高度关系

7.3.2 覆岩裂隙网络形态特征

图 7-19 为模型覆岩裂隙网络形态特征，从图中可以看出：开切眼和工作面侧主

要以纵向裂隙为主，而中间压实区主要以层间横向离层裂隙为主，在裂隙发育区中横竖裂隙彼此连接贯通也即形成数条导水通道，导水性明显增加。在模型开采方向上，分为裂隙发育区和挤压闭合区。随工作面推进，裂隙发育区垮落岩层在上方岩石重力及自重作用下逐渐被压实，裂隙闭合，不断演化为局部裂隙闭合区。局部裂隙闭合使得渗流通道受阻，导水能力在很大程度上弱化甚至消失[21]。

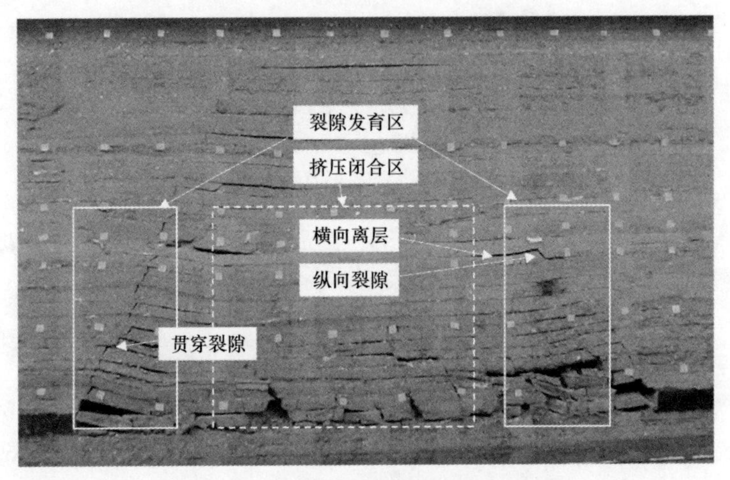

图 7-19　模型覆岩裂隙网络形态特征

为了定量描述在工作面推进过程中采动破断裂隙的发育程度，在模型水平方向上每 10m 为一个计数单元统计该单元范围内裂隙的条数，以主关键层破断前后裂隙密度（条/10m）为单位表示裂隙网络的变化规律[6]，图 7-20 为工作面推进

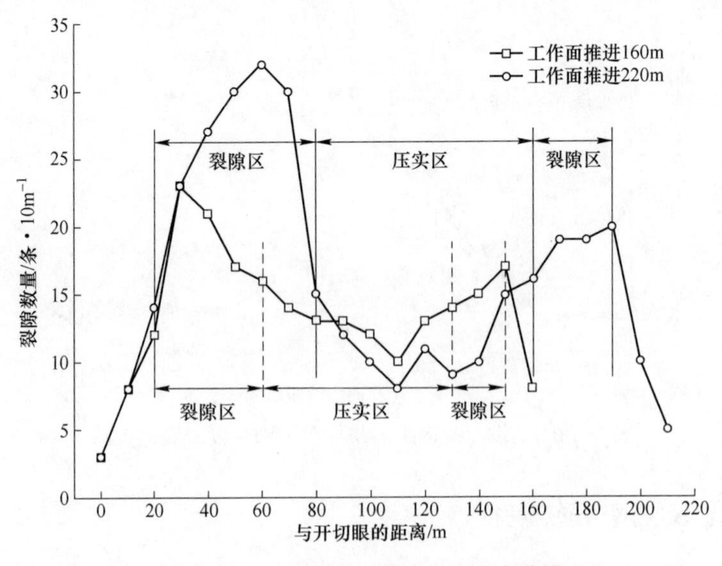

图 7-20　工作面方向裂隙密度分布曲线

过程中裂隙密度的分布曲线，可以看出：

（1）随着工作面的不断推进，开切眼侧裂隙区裂隙数量整体呈增加趋势，说明采动裂隙随着采空区面积的增大向高位发展；

（2）工作面从160m推进到220m过程中，覆岩压实区内裂隙数量普遍减少，说明在采空区中部破断岩层在上覆载荷的作用下采动裂隙压实闭合，裂隙密度迅速减小；

（3）裂隙富集区主要集中在前后煤壁，靠近开切眼侧裂隙区裂隙密度大于停采线侧裂隙密度，模型裂隙密度曲线呈偏态“马鞍”状。

7.3.3 小结

（1）当基本顶垮落后导水断裂带发育曲线出现台阶状；当工作面继续推进，水断裂带发育高度曲线随着基本顶上方岩层组合Ⅱ的周期性垮落变现为周期性的台阶增长，台阶的间距即为覆岩的周期垮落步距，均为11.14m；当主关键层垮落后，岩导水断裂带高度发育基本稳定，高度值为60.8m，小于关键层Ⅱ底部与煤层的距离（即导水断裂带的极限高度77.66m），小于通过国内导水裂隙带发育高度经验回归公式得到的70.19m。

（2）覆岩裂隙网络在工作面的推进过程中呈现出复杂的变化规律：随着工作面的不断推进，切眼侧裂隙区裂隙数量整体呈增加趋势，明采动裂隙随着采空区面积的增大向高位发展；裂隙富集区主要集中在前后煤壁，靠近开切眼侧裂隙区裂隙密度大于停采线侧裂隙密度。采空区中部破断岩层在上覆载荷的作用下采动裂隙压实闭合，裂隙密度迅速减小，裂隙密度曲线呈偏态“马鞍”状。

8　水库下综放开采井上下安全性评价

针对永华能源嵩山煤矿 2204 工作面上方地表赵城水库下采煤，不但要确保井下安全生产，而且还要保证水库的正常运行运用。前述章节对该矿 22 采区赵城水库下压煤工作面回采后上覆岩层破坏高度的分析，同时也要考虑采动可能引起的堤体变形破坏、坝体裂缝、动态移动变形这三个方面分析水库下压煤开采对水库安全的影响。

8.1　水库下开采井下安全性评价

8.1.1　水库及采区基本情况

赵城水库位于一矿井田的西北部，即 22 采区西翼。水库压煤范围内二$_1$煤的平均厚度为 5m 左右，煤层倾角 15° ~ 17.5°，平均 16°，煤层埋藏深度 300m 左右。采煤方法为走向长壁采煤方法，全部垮落法管理顶板，开采工艺方式为炮采放顶煤开采。水库压煤范围内地表表土层厚度 30m 左右。水库主要影响 22 采区的 2202、2204、2206、2208 四个工作面（工作面布置情况如图 8-1 所示），后期还会影响其他工作面的布置，压煤量预计可达 252 万吨左右。

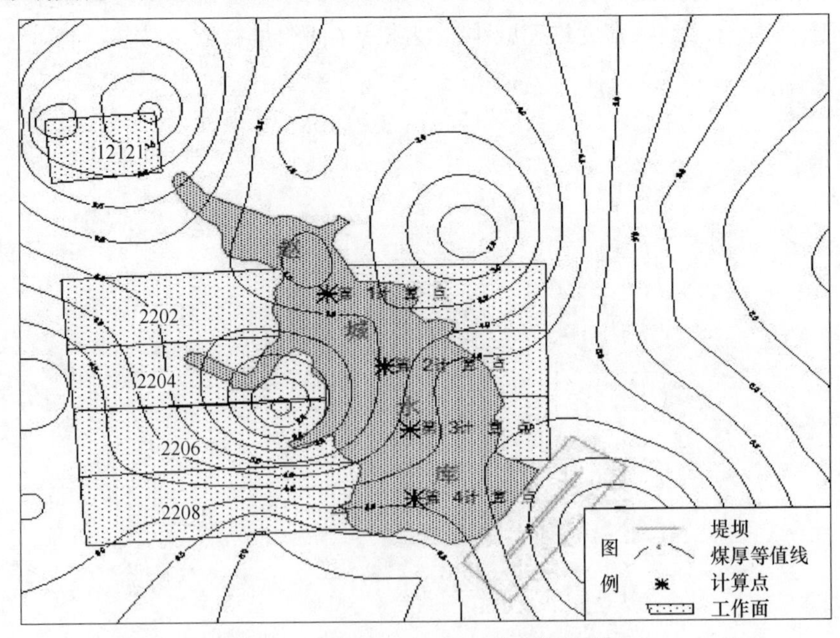

图 8-1　水库位置及工作面布置相对位置

8.1.2 上覆岩层破坏高度的计算分析

采场上覆岩体破坏的垂直分带特征及各带的高度是作为水体下采煤是否可行的一个重要参数。如果采场导水裂隙带的顶部波及地表水，地表水就会涌入采区。如果水量较大，将会发生淹矿的重大工程事故。因此，准确确定赵城水库下采煤引起的导水裂隙带发育高度是赵城水库下安全开采的重要依据。

根据本书 2.3 节通过组合岩梁及关键层理论，岩层的破断运动受关键层的控制，即导水裂隙演化必然受关键层结构的影响。分析得到当主关键层垮落后，导水裂隙带高度小于关键层Ⅱ底部与煤层的距离（即导水断裂带的极限高度 77.66m）；2.4 节中主要以现场实测的类比经验法计算导水裂隙带高度，综合分析得到导水裂隙带发育高度为 70.19m；第 3 章中通过构建永华能源嵩山煤矿 2204 工作面开采的相似模拟试验模型，分析研究得到导水裂隙带发育高度为 60.8m。因此为了保证井下工作面的安全开采，取上述三种最大值，即导水裂隙带发育高度最大值为 77.66m，裂采比为 17.26。以此来分析煤层与上部地表水体的安全煤岩柱的距离。

8.1.3 防水安全煤岩柱高度的确定

覆岩破坏高度等于导水裂缝带高度，是水体下采煤安全性评价的重要参数。根据上述的分析，认为 2204 工作面导水裂隙带发育高度为 77.66m，裂采比为 17.26，因此可以根据水库不同位置下方煤层的厚度来计算水库范围内采空区导水裂隙带发育的高度，然后计算出防水安全煤岩柱的高度，确定防水安全煤岩柱与水库水体的安全距离，以此来评价水库下开采地表水通过采动裂隙涌入工作面的危险性。

因此为安全起见，防水安全煤岩柱的保护层以中硬岩性来确定，具体计算结果见表 8-1。

表 8-1 水库范围内各个计算点数据汇总

计算点	煤层标高/m	煤层厚度/m	导水裂隙带高度/m	保护层厚度/m	防水安全煤（岩）柱高度/m	距水体底部的高差/m
1	-90	3.8	65.58	11.4	76.98	292.22
2	-125	3.6	62.13	10.8	72.93	331.47
3	-161	4.2	72.48	12.6	85.08	354.72
4	-182	4.8	82.84	14.4	97.24	362.96

从表 8-1 计算结果可知，水库范围内各计算点的导水裂隙带及防水煤（岩）柱距赵城水库库底均在 292.22m 以上，未波及赵城水库水体，并且由地

质勘探资料可知，较厚的第四系砂质黏土隔水层，以砂质黏土和黏土为主，平均厚 22m，有利于形成隔水层，完全可以阻隔松散含水层及地表水体与导水裂隙区的通道。

8.1.4 煤层开采对上部水体的影响分析

根据上述分析得到采区范围内煤层开采后顶板导水裂隙带发育高度的最大预计值为 82.84m，对煤层上部覆岩内含水层进行安全性分析：

（1）虽然煤层上部山西组（P_{1sh}）砂岩裂隙承压含水层在导水裂隙带高度之内，但是由于山西组（P_{1sh}）砂岩裂隙承压含水层为二$_1$煤层顶板直接充水含水层，所以该含水层直接对工作面形成威胁，但是根据南风井检空的抽水试验表明，该含水层渗透系数较小，含水性较弱，补给条件较差，对工作面的开采主要以顶板淋水为主，不会对工作面的开采形成突水威胁。

（2）对于上部下石盒子组砂岩裂隙承压水含水层来说，虽然根据钻孔抽水试验得到涌水量为 1.3L/s，单位涌水量为 0.1L/(s · m)，渗透系数为 0.816m/d，水位标高为 321.64m，属孔隙裂隙承压水，但是由于最终确定的 22 采区水库范围内二$_1$煤层开采导水裂隙带最大发育高度为 82.84m，根据钻孔副 6902 的岩层柱状图可知，下石盒子组砂岩裂隙承压水含水层底界距离二$_1$煤层有 100m 左右，因此煤层开采造成的导水裂隙带未发育至该下石盒子组砂岩裂隙承压水含水层，该层含水层不会对工作面的开采造成突水危险，但是要防治断层等异常地质构造体的影响。

（3）由于导水裂隙带发育带距离第四系砂砾石含水层较远，未穿过第四系砂砾石含水层，再加上上部泥岩和砂质泥岩的隔水层效果，使得第四系砂砾石含水层不会对工作面的开采造成影响。

综上所述，22 采区煤层开采后导水裂隙带虽然影响到部分基岩含水层，但是富水性弱，不构成突水威胁，以顶板淋水为主，对于距离煤层更远的基岩含水层和砂砾石含水层来说，留有一定的安全距离，在隔水层的阻隔下，不会对工作面开采造成突水威胁。对于地表水库水体而言，防水安全煤岩柱顶界距赵城水库库底均在 292.22m 以上，且第四系砂质黏土隔水层，以砂质黏土和黏土为主，平均厚 22m，有利于形成隔水层，完全可以阻隔松散含水层及地表水体与导水裂隙区的通道。因此可以认为：在无特殊地质构造的条件下，永华能源嵩山煤矿 22 采区在赵城水库下采煤时井下工作是安全的。

8.2 水库堤坝的安全性分析

8.2.1 采动引起坝体变形破坏的分析

赵城水库面积约 15.2 万平方米，水深平均为 3m，蓄水量约 45.6 万平方米，该水库的水源主要为一矿的井下排水和大气降水，调查期水面标高约为+304m。在水库的北方向有一长约150m的堤坝，坝体为料石砌和黄土堆积而成，迎水面边坡角度为45°~47°，堤坝顶与水库水平面高差约为6m。

根据《“三下”规程》以及多年来我国学者对淮河下采煤工程实践[51,52]，将有溢水口的堤坝允许的拉伸变形为6mm/m、极限拉伸变形为9mm/m作为采动引发堤体变形破坏控制指标。应用概率积分法预计，22采区工作面回采过程中最大水平变形为3.8mm/m，表明22采区各工作面回采过程中不会对坝体产生变形破坏。

8.2.2 坝体裂缝对堤坝安全的影响

坝体裂缝并非伴随着工作面的开采一开始就产生的，而是工作面推进至一定面积，地表某一点的主应力达到裂缝临界值后开始逐步形成。由于回采工作面上方地表裂缝区是随工作面推进而同步前移，在该区内的任意一条裂缝从产生到开始闭合要经历一定的时间。

由于该矿没有在该地区受开采沉陷引起的地表裂缝的实测数据，因此，依据文献［53］的理论公式计算有关参数：

$$\varepsilon_J = 2(1-\mu^2)C\tan(45° + 0.5\varphi)/E \tag{8-1}$$

式中 ε_J——坝体土体产生裂缝的极限应变值，mm/m；

μ——泊松比；

C——土壤黏聚力，MPa；

φ——土壤内摩擦角，(°)。

$$H = (2/\gamma)(1+\mu)C\tan(45° + 0.5\varphi) \tag{8-2}$$

式中 H——地表裂缝发育深度，m；

γ——土壤湿容重，N/m^3；

μ——泊松比；

C——土壤黏聚力，MPa；

φ——土壤内摩擦角，(°)。

根据永华能源嵩山煤矿表土层的物理力学性质：$E=13.1$MPa，$\mu=0.32$，$C=0.027$MPa，$\varphi=2.2°$，$\gamma=1617kg/m^3$，由式（8-1）可得$\varepsilon_J=3.8$mm/m，运用概率积分法对坝体处地表预计的最大水平变形为2.3~3.6mm/m，可知坝体受采动影响可能会产生裂缝。并且将土层力学参数代入式（8-2）可得裂缝深度为4.58m。考虑到土体力学参数的差异，所预计的裂缝深度会发生一定变化，裂缝深度可达5m以上。

土坝坝体裂缝是水库安全运行的重要危害之一，可能会发展成贯穿坝体漏水通道，甚至造成溃坝失事。所以在工作面回采过程中一定要加强坝体的巡查，及时发现问题并解决。裂缝可采用注浆法防治，一般经过黏土浆浇注后坝体土体潮湿，增加了坝体的极限应变值，减少裂缝的产生，还可以降低土体的强度，减小坝体裂隙的发育深度[54]。

8.2.3　动态移动变形对坝体的影响

依据下沉速度对地面构建物的影响程度，可将地表移动持续时间划分为三个阶段：开始阶段、活跃阶段、衰减阶段。其中在活跃阶段地表下沉量最大，而且这个阶段中地表下沉剧烈，地面构筑物往往受到最大下沉速度的影响，使得地面构筑物发生破坏。

我国许多学者对最大下沉速度的研究表明：最大下沉速度与覆岩性质、推进速度、深厚比、采动程度有关。覆岩性质越软，推进速度越快，深厚比越小，则下沉速度越快。为了保护水库堤坝的正常使用，本书通过研究工作面推进速度与最大下沉速度的关系，确定合理的工作面推进速度。

一般采用最大下沉速度的经验公式[55]：

$$V_{max} = \frac{KW_{max}V}{H_0} \tag{8-3}$$

式中　K——最大下沉速度系数；

V——工作面推进速度，m/d；

H_0——开采平均深度，m；

W_{max}——地表最大下沉值，mm。

根据永华能源一矿 22 采区上覆岩层为软-中硬岩层，确定下沉速度系数 K 为 1.3～1.45，取 1.375；堤坝处最大下沉值 W_{max} 为 1.16m 左右；H_0 取 390m。给定工作面的推进速度即可求出对应的地表下沉速度，根据式（8-3）可求出它们之间的关系式为：$V_{max}=4.0897V$，由此可见地表最大下沉速度与工作面的推进速度成正比。根据永华能源一矿的实际生产情况，同时考虑到如果推进速度过慢，容易使工作面前方出现边界效应，不利于堤坝的保护；如果推进速度过快，容易加大堤坝的变形速度，也不利于堤坝的保护。因此，确定 22 采区水库各工作面的平均开采速度保持在 1.5～2.7m/d。

建议矿方对赵城水库下煤层开采过程中定期进行堤坝巡查，观测水库水位变化，并及时发现地表裂缝。对坝体受采动影响可能产生的裂缝可采取黄黏土浆浇注的方法处理，保证水库的安全运行。

8.3　本章小结

（1）通过对永华能源一矿的工程地质特性和覆岩物理力学参数的系统总结，运用水体下采煤的理论，对该矿 22 采区赵城水库下压煤工作面回采后上覆岩层破坏高度进行分析，表明：水库范围内各计算点的导水裂隙带及防水煤（岩）柱距赵城水库库底均在300m以上，未波及赵城水库水体，所以在赵城水库下采煤是安全的。

（2）为了分析水库下压煤开采对水库安全的影响，首先以《建筑物、水体、铁路及主要井巷煤柱留设与压煤开采规程》中对堤体变形破坏指标作为判断坝体破坏的依据，通过预计坝体中轴线最大水平变形为3.8mm/m，22采区各工作面回采不会对坝体产生变形破坏。其次分析了采动引起的坝体裂缝对堤坝安全的影响。最后分析了动态移动变形对坝体的影响，并确定22采区水库下各个工作面合理回采速度为1.5~2.7m/d。

（3）针对坝体受采动影响可能会产生裂缝，建议矿方对赵城水库下煤层开采过程中定期进行堤坝巡查，观测水库水位变化，并及时发现坝体裂缝。对坝体受采动影响可能产生的裂缝可采取黄黏土浆浇注的方法处理，保证水库的安全运行。

9　煤矿岩层移动及覆岩破坏的数值模拟研究

9.1　基于 Hoek-Brown 强度准则的煤矿岩层移动建模方法

近些年，数值模拟作为一种有效的研究手段，被广泛地应用到煤矿岩层控制研究中，包括：煤矿井下开采巷道及采场围岩稳定性分析、采煤工作面顶板矿山压力分布规律、覆岩破坏及裂隙发育、采动岩层以及地表的移动变形等采矿工程方面[35,36,56]。然而数值模拟时都要对岩体强度参数进行选取，因此岩体参数选取的正确与否直接决定了计算结果的正确性。

获得岩体力学参数的最准确方法是原位试验法，由于岩体力学参数原位测试费用高，测试困难，很难进行大量的试验得到岩体参数，其应用受到限制。实践证明，以室内岩石力学试验为参考，通过岩石力学参数进行修正后换算成岩体力学参数，能够满足工程需要。由于实验室得到的岩样的力学参数与地层中的岩体参数相差较大，忽略了岩体的赋存环境、岩体的结构特征等因素，虽然经过学者长期的研究探索[57~59]，对于实验室测得的岩样参数与岩体本身的力学参数的关系依然不是非常明朗[60]，在模拟中普遍采用岩样力学参数强度折减，一般折减系数为 4 ~6 倍，但是使用强度折减系数进行换算仍然具有随意性，没有科学的理论依据。因此需要一个从岩样力学参数到岩体力学参数换算的方法，通过调试岩体参数使得模型输出结果与现场实测结果相匹配。

Hoek-Brown 准则由于较全面地反映了岩体的结构特征对岩体强度的影响，发展成为最完善的岩体力学参赛估算方法之一[61]。与地质强度指标（GSI）相配合使得 Hoek-Brown 准则成为一个更加独立的岩体力学参数估算体系，该体系可以更加方便、及时、准确地反映岩体的实际情况，工程实践中具有可操作性，目前在岩体工程支护、稳定性评价研究中应用较多[62,63]，在矿山开采岩层控制的研究中应用较少，并且对于数值模型参数的选取缺乏与现场数据的校核。因此本章以某煤矿工作面的开采为依托背景，全面阐述了矿山开采中通过以现场实测和理论计算数据作为校核依据，采用 Hoek-Brown 准则确定岩体力学参数的方法，其成果可为其他类似矿山开采模型求取岩体力学参数提供指导。

9.1.1 岩体参数 Hoek-Brown 估算方法[64,65]

9.1.1.1 Hoek-Brown 强度准则

Hoek 和 Brown（1980 年）基于 Griffith 的脆性断裂理论，通过对大量岩石三轴试验资料和岩体现场试验数据的分析，得出岩块和岩体破坏时极限主应力之间的关系式，称之为狭义 Hoek-Brown 强度准则，后经修正提出了广义 H-B 强度准则（以下简称 Hoek-Brown 强度准则），其表达式为：

$$\sigma_1 = \sigma_3 + \sigma_{ci}\left(m_b \frac{\sigma_3}{\sigma_{ci}} + s\right)^a \tag{9-1}$$

式中 σ_1，σ_3——分别为岩体破坏时的最大和最小主应力；

σ_{ci}——岩块的单轴抗压强度；

m_b，a，s——岩体的 Hoek-Brown 常数。

9.1.1.2 基于 GSI 的岩体参数 Hoek-Brown 估计方法

为了估算岩体的 Hoek-Brown 准则参数 s、a 和 m_b，修正同地质条件下岩体的强度，经过多年实践经验，Hoek & Kaiser 等建立了地质强度指标（geological strength index，简称 GSI）。作为一种新的岩体分类方法，该方法通过对岩体结构特征及结构面特性的描述，建立对岩体质量的综合评价，避免了研究人员过度依靠个人经验控制参数带来的弊端。

利用选取的 GSI 值和组成岩体的完整岩块的 Hoek-Brown 常数 m_i 可以对岩体的 Hoek-Brown 常数 m_b、a、s 进行估算，得到：

$$m_b = m_i \exp\left(\frac{GSI - 100}{28 - 14D}\right) \tag{9-2}$$

$$s = \exp\left(\frac{GSI - 100}{9 - 3D}\right) \tag{9-3}$$

$$a = 0.5 + \frac{1}{6}\left(e^{-GSI/15} - e^{-20/3}\right) \tag{9-4}$$

对于完整岩体，$s=1$。岩体的弹性模量可表示为：

$$E_m = 10^{\frac{GSI-10}{40}}\left(1 - \frac{D}{2}\right)\sqrt{\frac{\sigma_c}{100}} \tag{9-5}$$

式中 D——岩体扰动系数，主要考虑岩体破坏和应力松弛对节理岩体的扰动程度，D 值从非扰动岩体的 0 到扰动岩体为 1。

9.1.1.3 等效 Mohr-Coulomb 强度准则参数

由于 Hoek-Brown 强度准则在计算程序中没有明确给出，应用较不方便。学者研究发现 Mohr-Coulomb 强度准则曲线与 Hoek-Brown 准则曲线非常吻合，如图 9-1 所示。

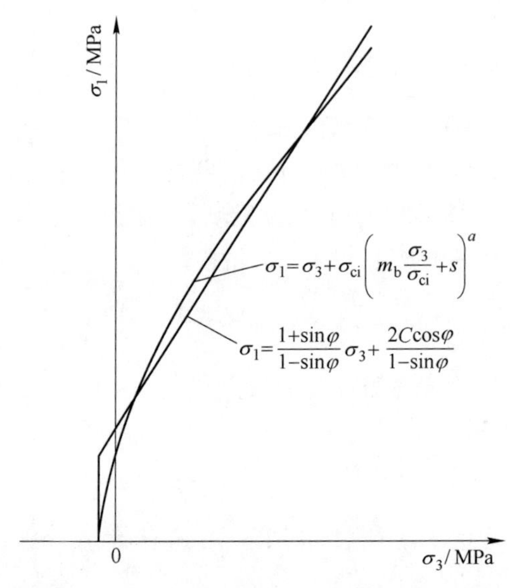

图 9-1　H-B 准则和等效 M-C 准则主应力关系

Mohr-Coulomb 强度准则用黏聚力 C 和内摩擦角 φ 可以表示为：

$$\sin\varphi = \frac{(\sigma_1 - \sigma_3)/2}{(\sigma_1 + \sigma_3)/2 + C\cos\varphi} \tag{9-6}$$

或用最大主应力和最小主应力的关系可以表示为：

$$\sigma_1 = \frac{1 + \sin\varphi}{1 - \sin\varphi}\sigma_3 + \frac{2C\cos\varphi}{1 - \sin\varphi} \tag{9-7}$$

由此可见，当 $\sigma_t<\sigma_3<\sigma_{3max}$（$\sigma_t$ 为岩石抗拉强度，σ_{3max} 为试样侧限应力的上限值，MPa）时，式（9-1）和式（9-7）的表达形式相似，将式（9-6）和式（9-7）联立可以求得 Mohr-Coulomb 岩体破坏准则等效内摩擦角 φ 和等效黏聚力 C。

$$\varphi = \sin^{-1}\left[\frac{6am_b(s + m_b\sigma_{3n})^{a-1}}{2(1 + a)(2 + a) + 6am_b(s + m_b\sigma_{3n})^{a-1}}\right] \tag{9-8}$$

$$C = \frac{\sigma_{ci}[(1 + a)s + (1 - a)m_b\sigma_{3n}](s + m_b\sigma_{3n})^{a-1}}{(1 + a)(2 + a)\sqrt{1 + [6am_b(s + m_b\sigma_{3n})^{a-1}]/[(1 + a)(2 + a)]}} \tag{9-9}$$

式中　φ——等效内摩擦角，(°)；

C——等效黏聚力，MPa；

m_b，a，s——均为岩体的 Hoek-Brown 常数；

σ_{ci}——岩块的单轴抗压强度，MPa；

σ_{3n}——$\sigma_{3n}=\sigma_{3max}/\sigma_{ci}$；

σ_{3max}——试样侧限应力的上限值，MPa。

对于 Hoek-Brown 强度准则来说，侧限应力的上限值 σ_{3max} 很难确定，工程应用中一般基于实例以及对脆性破坏相关的应力范围的经验[14]，认为 $\sigma_{3max}=1/4\sigma_{ci}$，即 $\sigma_{3n}=1/4$。

9.1.2 模型建立与力学参数确定

以某矿工作面为工程背景，该工作面开采煤层为二叠系山西组下部二$_1$ 煤层，煤层赋存较稳定，平均厚度为 7.5m，工作面倾向长度为 130m，走向长度 1100m，工作面采深平均值为 300m。工作面采用走向长壁后退式、综采放顶煤采煤方法。由于覆岩岩层结构主要由软弱和坚硬的岩层交替沉积而形成，为了体现这个特征，对于较薄的岩层（一般为 1～3m），将其与上下部的岩层合并，对岩层的厚度进行适当的调整，以此对数值模型的岩层结构进行了简化，得到二$_1$ 煤层顶板岩层为 20 层，底板岩层为 3 层。

数值模型选取该工作面走向剖面作为计算对象。模型的尺寸（垂高×走向长）为 350m×1000m，工作面开采尺寸为沿走向 440m，工作面开采边界在走向方向距模型边界为 275m 和 285m，能够保证模型的左右边界在岩层移动影响角范围之外，避免边界条件对工作面开挖引起的移动变形产生影响，具体如图 9-2 所示。

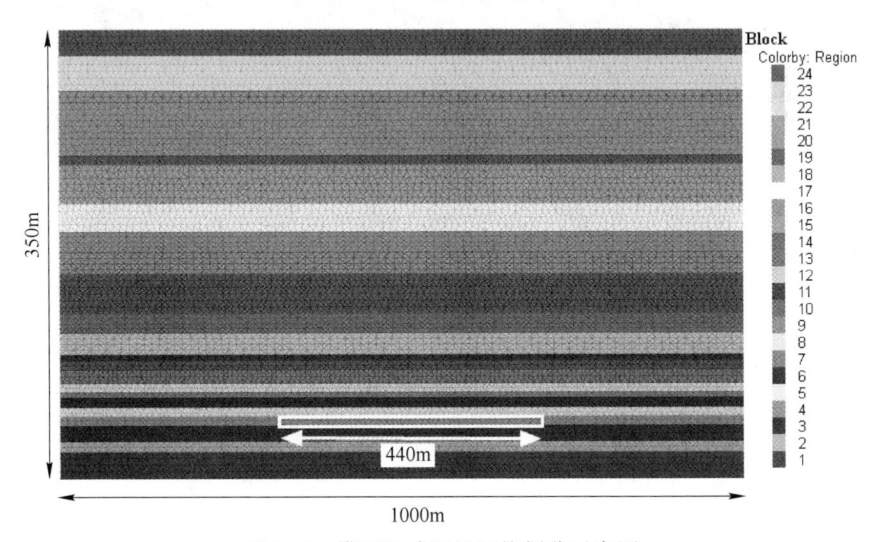

图 9-2 模型尺寸以及网格划分示意图

模型的边界条件：模型左右为滚轴约束，下部为全约束，上部为自由边界条件。

地质强度指标 GSI 是在大量岩体工程实例和经验中总结出来的，通过岩体的结构类型和风化程度，将岩体的非均质程度定量化，其取值范围为 0～100，常见的岩体为 10～90，具体见图 9-3。数值模型中岩体的力学参数通过计算反演地表的下沉曲线，并结合采场支承压力和采空区应力恢复距的理论值。在实验室测试及煤系岩石力学经验参数的基础上，通过调整岩层地质强度指标赋值，对数值模型岩体的输入参数进行反复校核，使参数能够真实反映现场地质条件下的岩层移动变形。利用反演法得到数值模型岩体的输入参数，煤岩物理力学参数与 Hoek-Brown 强度准则相关参数见表 9-1 所列。

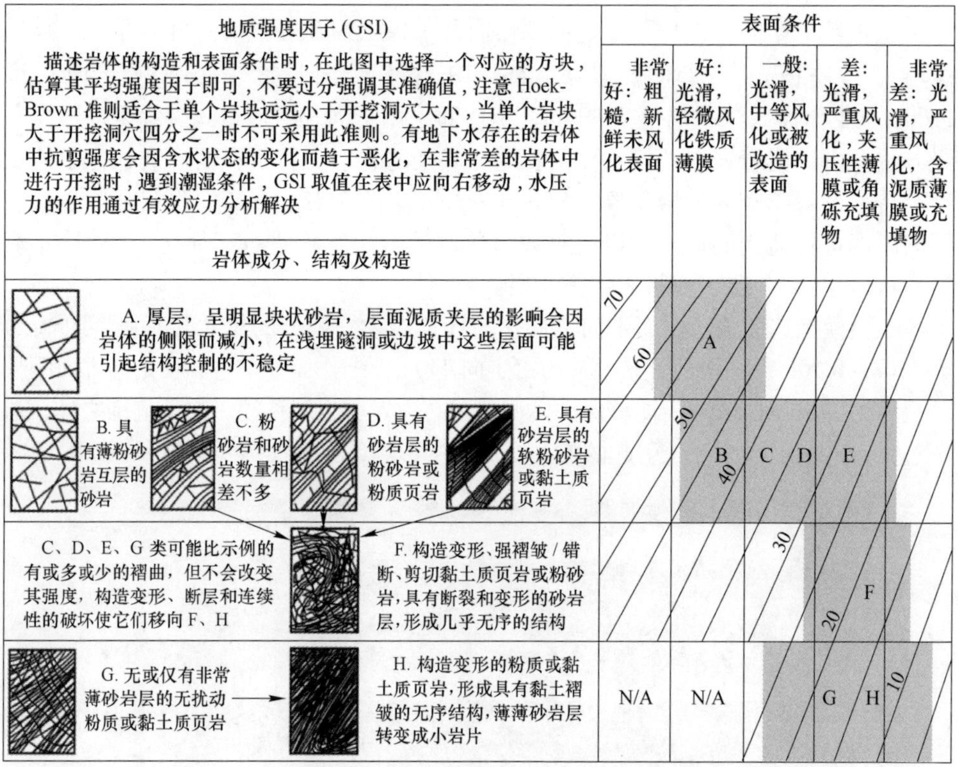

地质强度因子 (GSI)

描述岩体的构造和表面条件时，在此图中选择一个对应的方块，估算其平均强度因子即可，不要过分强调其准确值，注意 Hoek-Brown 准则适合于单个岩块远远小于开挖洞穴大小，当单个岩块大于开挖洞穴四分之一时不可采用此准则。有地下水存在的岩体中抗剪强度会因含水状态的变化而趋于恶化，在非常差的岩体中进行开挖时，遇到潮湿条件，GSI 取值在表中应向右移动，水压力的作用通过有效应力分析解决

表面条件

非常好：粗糙，新鲜未风化表面

好：光滑，轻微风化铁质薄膜

一般：光滑，中等风化或被改造的表面

差：光滑，严重风化，夹压性薄膜或角砾充填物

非常差：光滑，严重风化，含泥质薄膜或充填物

岩体成分、结构及构造

A. 厚层，呈明显块状砂岩，层面泥质夹层的影响会因岩体的侧限而减小，在浅埋隧洞或边坡中这些层面可能引起结构控制的不稳定

B. 具有薄粉砂岩互层的砂岩

C. 粉砂岩和砂岩数量相差不多

D. 具有砂岩层的粉砂岩或粉质页岩

E. 具有砂岩层的软粉砂岩或黏土质页岩

C、D、E、G 类可能比示例的有或多或少的褶曲，但不会改变其强度，构造变形、断层和连续性的破坏使它们移向 F、H

F. 构造变形、强褶皱 / 错断、剪切黏土质页岩或粉砂岩，具有断裂和变形的砂岩层，形成几乎无序的结构

G. 无或仅有非常薄砂岩层的无扰动粉质或黏土质页岩

H. 构造变形的粉质或黏土质页岩，形成具有黏土褶皱的无序结构，薄薄砂岩层转变成小岩片

70　60　A　50　40　B　C　D　E　30　F　20　N/A　N/A　G　H　10

图 9-3　量化的 GSI 取值

表 9-1　数值模型岩体力学性质参数

层位	岩性	密度 /kg · m⁻³	弹性模量 /GPa	黏聚力 /MPa	内摩擦角 /(°)	岩石单轴抗压/MPa	岩石抗拉强度/MPa	GSI	m_i
顶板	泥岩	2300	2.97	1.13	21.56	35	0.07	38	5
	砂质泥岩	2300	3.98	1.78	23.49	50	0.09	40	6
	砂岩互层	2400	4.09	1.63	25.26	42	0.07	42	7
	中粒砂岩	2550	6.91	4.14	30.53	85	0.11	45	12
	细粒砂岩	2550	7.50	4.87	29.04	106	0.16	45	10
煤层	煤	1400	1.58	0.88	24.60	25	0.01	30	10

续表 9-1

层位	岩性	密度 /kg·m^{-3}	弹性模量 /GPa	黏聚力 /MPa	内摩擦角 /(°)	岩石单轴抗压/MPa	岩石抗拉强度/MPa	GSI	m_i
底板	泥岩	2300	2.97	1.13	21.56	35	0.07	38	5
	中粒砂岩	2300	6.91	4.14	30.53	85	0.11	45	12
	石灰岩	2500	5.71	3.82	27.00	92	0.12	41	9

9.1.3　数值模型的校验

数值模拟具有以下优点：建模时间快，相对于现场试验来说易于操作，并且能够通过改变参数输入对实际问题的规律进行研究。但是现场地质及采矿条件复杂，尤其是模型的输入参数主要依靠试验人员的经验进行选取，具有较大的主观性，因此需根据现场实测的应力或者位移数据对模型进行校验，通过对比分析模型输出结果和实测结果的相似度，以此来判读试验模型及其输入参数的正确性。基于上述验证后的试验模型才能够对具体的工程问题进行分析，以期总结出事物的变化规律。

通过工作面地表走向移动观测线的观测数据、采场支承压力的理论计算值以及现场矿压显现规律、采空区应力恢复距的理论计算值这 3 个方面与数值模拟的对比分析，来判定数值模型的正确性。

9.1.3.1　煤层超前支承压力分布规律对比

由于该矿属于典型的“三软”地质条件，煤层受滑动构造影响，煤层结构破碎，强度较小。GSI 分类，取完整岩样单轴抗压强度 σ_{ci} 为 25MPa，GSI 值为 30，得到煤体的物理力学参数。

若将煤体视为均质各向同性均质连续介质，当煤壁前煤体受剪切作用，其应力状态满足莫尔-库仑破坏准则时，煤体发生塑性变形，该区域为塑性区，由于该范围内岩体所处的应力圆与其强度包络线相切，处于极限平衡状态，因此该区域又称为极限平衡区。随着与煤壁距离的增加，煤体处于弹性区。煤体极限平衡区和弹性区的位置如图 9-4 所示。

根据莫尔-库仑强度准则可知，在煤柱极限平衡处若用煤柱所受主应力的表达形式，则有：

$$\sigma_1 = \sigma_0 + k\sigma_3 \tag{9-10}$$

式中　σ_1，σ_3——分别为煤柱屈服破坏时的第一主应力和第三主应力，MPa；

k——莫尔-库仑强度线的斜率，可用 $(1+\sin\varphi)/(1-\sin\varphi)$ 来表示，其中 φ 为煤体的内摩擦角，(°)；

σ_0——煤的单轴抗压强度，MPa。

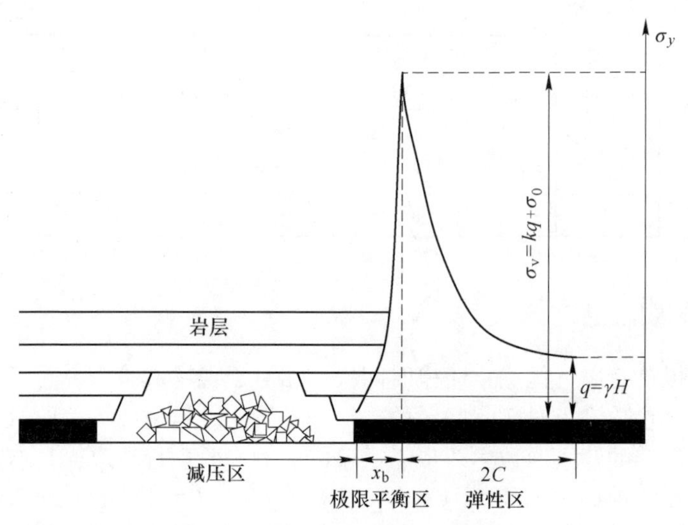

图 9-4　采场支承压力分区示意图

对应于煤柱的应力条件，若煤壁处水平侧向支撑力为 0，则煤柱极限平衡处支承压力 σ_v 为：

$$\sigma_v = \sigma_0 + kq \tag{9-11}$$

式中　q——煤层所在水平的静水压力值，$q=\gamma H$，MPa。

因此应力集中系数为：

$$K = k + \sigma_0/q$$

对于塑性区竖直应力函数 σ_y 来说有：

$$\sigma_y = k(p + p')\exp(xF/M) \tag{9-12}$$

式中　p——煤壁处侧向支撑力，MPa；

p'——单轴抗压残余强度，$p'=\sigma'_0/(k-1)$，MPa；

x——煤体与采空区侧煤壁的距离，m；

M——煤层开采高度，m；

F——关于 k 的参数，为：

$$F = \frac{k-1}{k^{1/2}} + \left(\frac{k-1}{k^{1/2}}\right)^2 \tan^{-1} k^{1/2} \tag{9-13}$$

由式（9-12）可知，煤体内垂直应力函数表达式是以煤体内计算点与煤壁的水平距离 x 为自变量，定义极限平衡区临界位置（即塑性区与弹性区的界面）与煤壁的距离为 x_b，可以通过下式进行求取：

$$x_b = \frac{M}{F}\ln\left(\frac{q}{p + p'}\right) \tag{9-14}$$

对于煤体弹性区的垂直应力为：

$$\sigma_y = (\hat{\sigma} - q)\exp[(x_b - x)/C] + q \tag{9-15}$$

式中　C——支承压力在弹性区影响距离的一半，m。

关于极限平衡区和弹性区的支承压力表达式，称为 Wilson 理论公式，根据表 9-1 所列煤体的物理力学参数，将 Wilson 理论公式所需参数汇总，见表 9-2。

表 9-2　Wilson 理论公式参数取值

岩性	开采参数				煤层物理力学参数		
	煤厚/m	埋深/m	支护侧向力/MPa	黏聚力/MPa	内摩擦角/(°)	单轴抗压强度/MPa	单轴残余强度/MPa
煤层	7.5	300	0	0.88	24.60	0.43	0.20

根据采场支承压力峰后和峰前表达函数，计算得到煤层支承压力的分布规律，如图 9-5 所示。可知，理论计算得到的煤层支承压力峰值为 17.50MPa，应力集中系数 K 为 2.49，支承压力峰值与煤壁的距离为 16.21m，支承压力峰前影响距离为 65.86m。而根据数值模拟得到的支承压力峰值位于煤壁前 15m 附近，其峰值为 18.52MPa，峰值应力值和峰值位置的误差分别为 5.51% 和 8.06%。由于数值模型中塑性破坏后计算单元仍具有一定的强度，煤壁处的应力为 2.30MPa，与现实中破裂煤壁应力释放相差较大，所以引起在峰值至煤壁这段距离内模型值与理论值相差较大。但是总体而言，理论计算和数值模拟的结果在精度和分布规律上具有很好的一致性。根据现场实际开采过程中工作面轨道巷和运输巷在 14～17m 区域矿山压力比较明显，验证了数值模型对采动支承压力计算值的正确性。

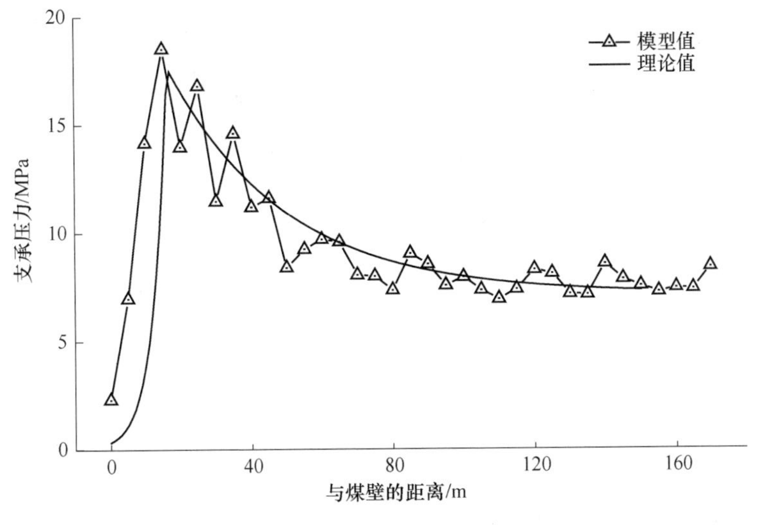

图 9-5　煤层支承压力的分布规律

9. 1. 3. 2　采空区应力恢复距离

数值模型采空区附近应力分布规律如图 9-6 所示，采空区冒落带岩块在上部岩体的载荷作用下逐渐压实，其应力逐渐恢复到原岩应力水平，回采煤壁至应力完全恢复区的距离称为采空区应力恢复距离。研究采空区的应力恢复及压实规律对地下开采活动具有重要的实际意义，采空区应力恢复规律是基本顶移动变形的合理描述，能够表征开采引起的覆岩移动变形。采空区应力分布的理论假设最早由 Whittaker 提出，而后 H. Maleki、Oyanguren 和 Wilson 分别在美国西部、英国和南非的矿井对采空区应力进行了大量的实地监测，得到了采空区应力分布及应力恢复距离的规律。根据图 9-6 中数值模型对采空区离散元散落块体的应力监测，发现煤壁后方在 101. 5m 处采空区的应力达到该水平的原岩应力水平，对应的采空区应力恢复距为 101. 5m（即 0. 36 倍的采深），符合国内外现场经验认为的一般规律——采空区应力恢复距为 0. 3 ~ 0. 4 倍的采深[66]。

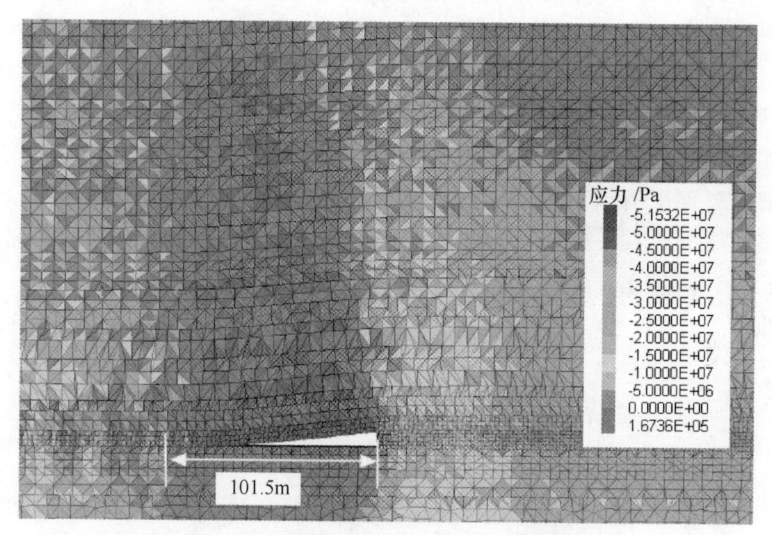

图 9-6　模型采空区附近应力分布规律

9. 1. 3. 3　地表沉降数据与模型结果的对比

为了掌握该地区地表移动变形规律，获取该地区岩移参数，更加准确地评价采动损害对地表水库及其堤坝的影响，该矿在 31071 工作面上方地表建立地表移动观测站。观测站由走向观测线与倾向观测线 2 条观测线组成，其中走向观测线测点 QZ1、QZ2、…、QZ19 共 22 个测点，总长度为 691. 26m。观测站于 2011 年 4 月 21 进行首次全面观测，截至 2012 年 6 月 12 日，地表移动观测站共进行了 23 次观测，取得了大量的观测数据。根据对走向移动观测线观测数据的概率积分法函数拟合，得到该矿的地表概率积分法参数[67]：下沉系数 $q=0.80$，主要影响角正切 $\tan\beta=1.88$，拐点偏移距 $s=0.15H$，其中，H 为走向方向平均埋深。

提取数值模型工作面开采 440m 后地表的下沉数据，再根据上述概率积分法参数，得到对数值模型开采尺寸下地表走向主断面的下沉曲线，两者进行对比分析，以此来检验数值模型的正确性，具体如图 9-7 所示。

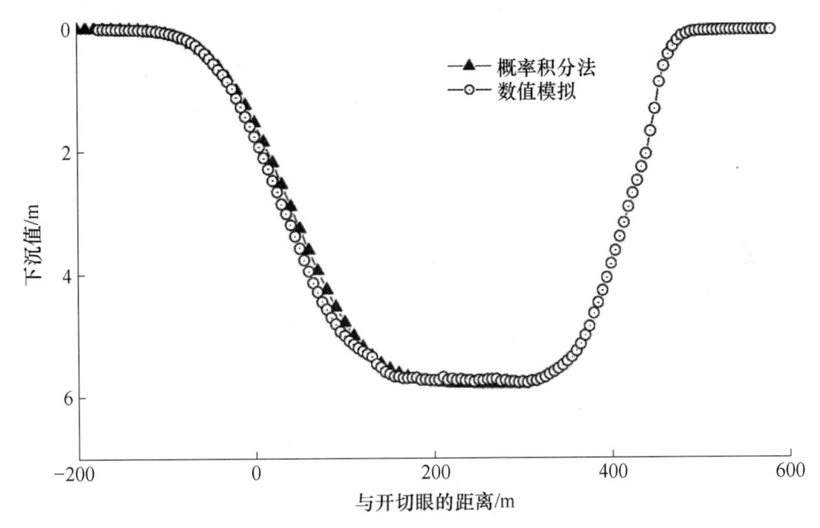

图 9-7　实测和数值模拟的地表走向断面的下沉曲线

由图 9-7 可知，该工作面在充分采动的情况下，其下沉系数 q 为 0.80。数值反演得到的采空区地表最大下沉值为 5.78m，即下沉系数为 0.77，两者的误差率为 3.66%，而且数值模型与概率积分法函数曲线在移动盆地边缘的拟合度也较高，可以认为实测结果和数值模型的结果在精度和分布规律上具有很好的一致性。

通过对数值模型的煤层支承压力分布规律、采空区应力恢复距离和地表走向主断面的下沉曲线与理论计算、现场实测数据进行对比分析，认为数值模型得到的结果与理论计算和现场实测的结果具有很好的一致性。说明该数值模型能够准确地对采动岩层移动变形进行较好的反演，可作为研究采动覆岩及地表移动变形规律的有效手段。

9.1.4　讨论

煤矿开采岩层的移动数值模型的正确与否关键在于模型岩体的力学参数的选择，难以建立覆岩力学性质与岩层移动变形之间的准确数学函数关系。因此传统力学参数的位移分析问题一般模型比较复杂、求解难度很大，并且人员的经验对计算结果的影响较大。基于 Hoek-Brown 准则和岩体地质强度指标（GSI）的岩体力学参数估算方法，克服了传统数值建模中岩体力学参数选取中存在的问题，提高了参数反演的适用性，为研究矿山开采岩层及地表移动变形的数值模拟提供了新的思路。但是对于矿山岩层移动数值模型来说，煤层上方岩层的岩石力学的求取主要有两种方法：一是在实验室对岩样进行实测；二是用地球物理测井资料求取岩石力学参数。若对数值模型全段岩层采用室内测试工作量较大，另外 E. Hoek 虽然给出了 GSI 概化区间范围和 D 的概化取值，但无法使其定量化。近年，地球物理测井资料与实验室试验相结合，促进了数值模型岩体岩石力学参数求取的发展，比如岩体波速估算地质强度指标 GSI 和岩体扰动参数 D 的关系式，并引入 Hoek-Brown 准则，给出了岩体波速预测岩体力学参数的新方法[68]。另外岩层钻孔钻进动态响应（钻进速度、钻头阻力等）可间接反映岩层的厚度、强度以及节理裂隙发育的程度等[18]。因此有必要下一阶段对 GSI 和岩体扰动参数 D 的现场定量化进行研究。

9.1.5　小结

（1）介绍了一种基于 Hoek-Brown 准则的数值模型岩体参数确定方法。以量化的岩体地质强度指标（GSI）修正了 Hoek-Brown 岩体破坏准则，计算岩体的 Hoek-Brown 准则参数，以表示不同地质条件下岩体的强度。减少了对工程人员经验的依赖。为了方便在数值计算软件中对 Hoek-Brown 强度准则进行表达，给出了等效 Mohr-Coulomb 强度准则参数，获得煤矿岩层数值模型，该体系能够更加方便、及时、准确地反映岩体的实际情况。

（2）在确定岩体参数选取方法后，根据现场实测的应力或者位移数据，对模型及其输入参数进行校验。以具体矿井为例，过地表移动观测数据、采场矿山压力计算数据以及采空区应力恢复规律与模拟结果进行对比分析，结果表明：煤层支承压力峰值以及峰值与煤壁距离的误差分别为 5.51% 和 8.06%；模型的采空区应力恢复距为采深的 0.36 倍，符合国内外现场经验认为的一般规律；在充分采动的情况下，值模型与实测的下沉系数误差率为 3.66%，移动地面下沉曲线的分布规律也相似。上述结果表明笔者提出的建模方法能够满足工程研究需要，能够为岩体内部力学和移动破坏分析提供科学依据。

9.2　考虑岩石应变软化的厚煤层综放开采覆岩破坏特征

煤层的开采打破了地下煤岩体相对稳定的原始应力状态，采空区周围空间围岩应力状态重新分布的过程中伴随着岩体的变形破坏，然而岩石是一种非均质材料，内部含有随机分布的空隙、空洞、界面等缺陷，其应力-应变曲线表现出复杂的现象。岩石在应力达到峰值强度之后，随着变形的继续增加，其强度迅速降到一个较低的水平，这种由于变形引起的岩石材料性能劣化的现象称为“应变软化”[69]。

国内学者对岩石的应变软化做了大量的研究，其中周家文等[70] 通过数值试验分析对比了 Mohr-Coulomb 弹塑性模型和应变软化模型的应力-应变关系，并且采用应变软化模型对两家水电站的地下洞室开挖的稳定性进行了评价；何忠明等[71] 运用 FLAC^{3D} 的岩土体应变软化模型，分析了金属矿床的开挖、采场顶板的破坏高度；张强等[72] 考虑到岩土材料的应变软化行为，基于平面应变和应变软化弹塑性模型构建了圆形巷道的应力解析解，对地下工程支护设计提供理论依据。目前对于岩石应变软化的研究大多应用在隧道工程方面，国内运用数值方法求解覆岩移动变形的也较多[37]，但应用应变软化模型来研究煤矿开采引起的覆岩移动的案例较少。

本章首先对岩石加载过程中峰值前后的应力-应变变化曲线进行分析，并对 Mohr-Coulomb 理想弹塑性和应变软化模型对比，然后介绍 FLAC^{3D} 数值模拟软件中应变软化模型的计算原理，进而运用该数值软件对裴沟矿工作面开采引起的覆岩移动特征进行分析，通过模型塑性区的发育高度来得到覆岩导水裂隙带发育高度，最后通过和经验法得到的导水裂隙带发育高度对比验证，以此来指导水体下安全开采的实践工作。

9.2.1　岩土材料应力-应变曲线及应变软化模型

文献［73］通过对江边水电站的大理岩岩块的三轴压缩试验得到了岩石全应力-应变曲线，如图 9-8 所示。

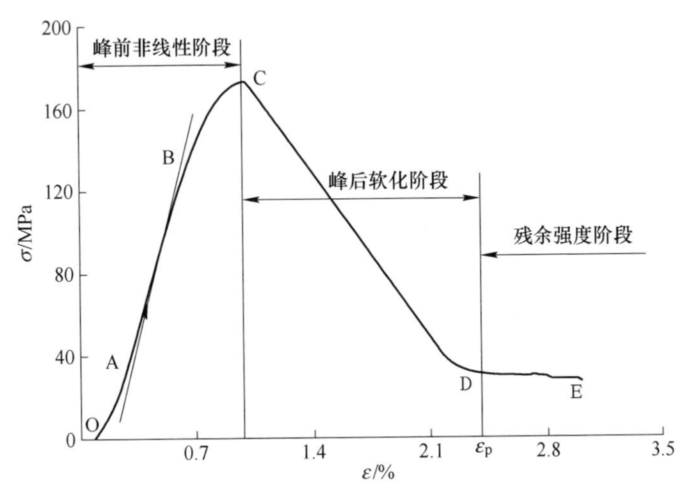

图 9-8　大理岩三轴压缩试验全应力-应变曲线

从图 9-8 中可以看出，根据峰值前后和残余强度的曲线特性，整个全程曲线可分为峰前非线性阶段、峰后软化阶段和残余强度阶段。

残余强度阶段：当岩土体材料发生应变软化以后，岩土体材料的强度随着与塑性变形相关的塑性软化参数的增加而降低。当塑性软化参数小于某一定值时（如图 9-8 中 D 点对应的塑性应变 ε_p），岩石应力-应变曲线进入残余强度阶段，岩石强度参数（黏聚力、内摩擦角等）为残余值[72]。

由上述分析可知：在软化过程中，岩石的强度参数（黏聚力、内摩擦角等）随塑性应变的增加而发生变化。FLAC^{3D} 正是基于上述的应变软化的特性而实现数值计算的，FLAC^{3D} 的应变软化模型的剪切流动法则采用不相关联准则，拉伸流动法则采用相关联准则，屈服准则则采用莫尔-库仑屈服准则。在应变软化模型中，用户预先定义单元的强度参数，例如黏聚力、内摩擦角和剪胀角，并且根据硬化参数的分段线性函数而发生改变。

9.2.2　工程概况

郑煤集团裴沟煤矿采用立井多水平的开拓方式，矿井核定综合生产能力为 2.05Mt/a。31 采区位于裴沟煤矿的东部，采区内共规划布置 31131、31111、31091、31071、31051、31031、31011 工作面。采区地面魔王洞水库建造于 1958 年，属于小（二）型水库，水域面积约 63060.67m^2，水库均水深 3.13m，水库储水量约 197341m^3。水坝坝体结构为土质结构。魔王洞水库与 31 采区工作面位置如图 9-9 所示。

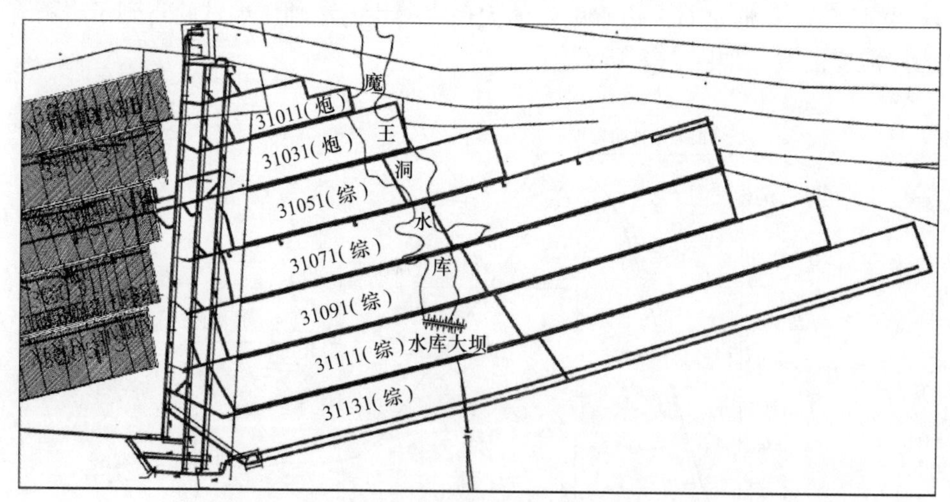

图 9-9　裴沟煤矿 31 采区工作面和魔王洞水库位置图

由上述可知，郑煤集团裴沟矿 31 采区上部存在地表水体，开采前必须进行水体下采煤的安全性分析，导水裂隙带发育至水体时则会造成矿井突水、溃沙等严重的安全生产事故。所以导水裂隙带发育高度的确定对于安全生产具有重要的指导作用。

9.2.3 数值模型的建立

数值模型以31采区31071综放工作面为原型，煤层走向将研究区域概化为平面应变模型，以此来研究在充分采动的情况下，受采动影响上覆岩层导水裂隙带发育高度。模型长度取1000m，煤层埋深取300m，煤层板取30m，$二_1$煤层厚度为8m。模型四个侧面采用法向位移约束，顶部施加上部覆岩载荷，底部采用固定约束。

根据所提供的岩层综合柱状图与相关的岩石力学性能试验结果，选取有关参数如表9-3所示。

表9-3 岩石物理力学性能参数

序号	岩石名称	弹性模量/GPa	泊松比	抗拉强度/MPa	黏聚力/MPa	内摩擦角/(°)
1	砂岩互层	13.32	0.25	0.71	7.82	39
2	砂质泥岩	5.24	0.30	0.86	4.65	36
3	中粒砂岩	13.62	0.26	0.56	8.1	40
4	砂质泥岩	5.67	0.31	0.52	3.98	32
5	砂岩互层	14.68	0.24	0.34	8.32	41
6	泥岩	5.34	0.30	0.69	5.1	35
7	细粒砂岩	12.21	0.26	0.32	7.25	39
8	砂质泥岩	6.35	0.29	0.74	5.63	36
9	细粒砂岩	11.34	0.27	0.35	7.93	43
10	泥岩	4.71	0.30	0.59	3.26	31
11	中粒砂岩	12.35	0.26	0.34	7.56	39
12	泥岩	4.92	0.30	0.74	3.59	33
13	中粒砂岩	10.64	0.27	0.34	6.85	38
14	顶板泥岩	4.35	0.29	0.80	3.12	35
15	煤	3.82	0.30	0.40	2.25	31
16	底板泥岩	4.62	0.29	0.78	3.69	34
17	底板灰岩	13.25	0.26	0.36	7.31	40
18	底板中砂岩	14.62	0.25	0.32	8.21	42

9.2.4 数值计算结果与分析

本节分别采用Mohr-Coulomb理想弹塑性模型和Mohr-Coulomb应变软化模型对煤层进行分析。

模型采用分步开挖来实现，分别为工作面推进20m、40m、80m、120m、140m和160m。以采空区周围塑性区的变化过程来分析随工作面的推进上覆岩层的移动破坏规律和导水裂隙带发育高度，如图9-10所示。

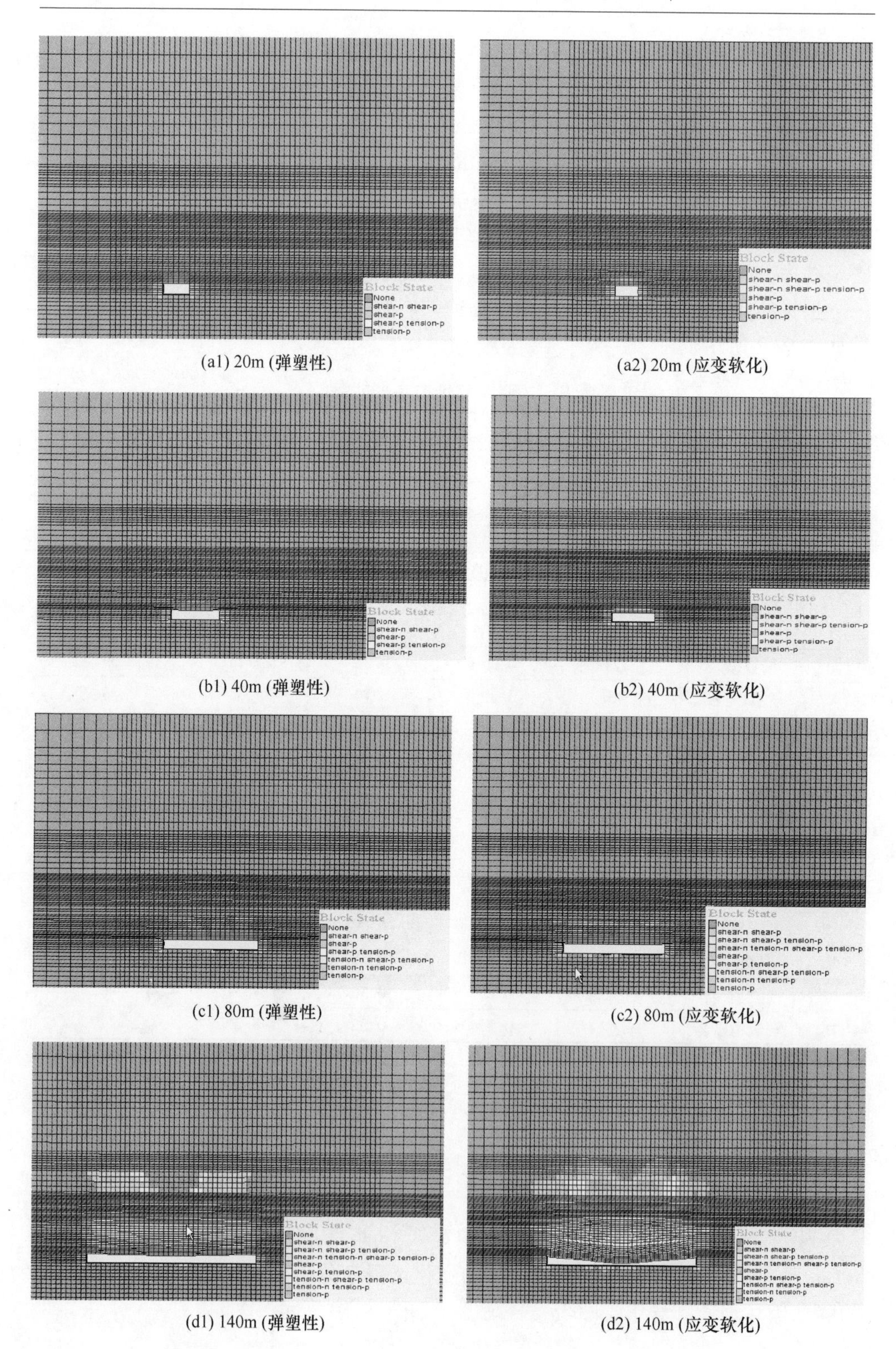

(a1) 20m (弹塑性)　　(a2) 20m (应变软化)

(b1) 40m (弹塑性)　　(b2) 40m (应变软化)

(c1) 80m (弹塑性)　　(c2) 80m (应变软化)

(d1) 140m (弹塑性)　　(d2) 140m (应变软化)

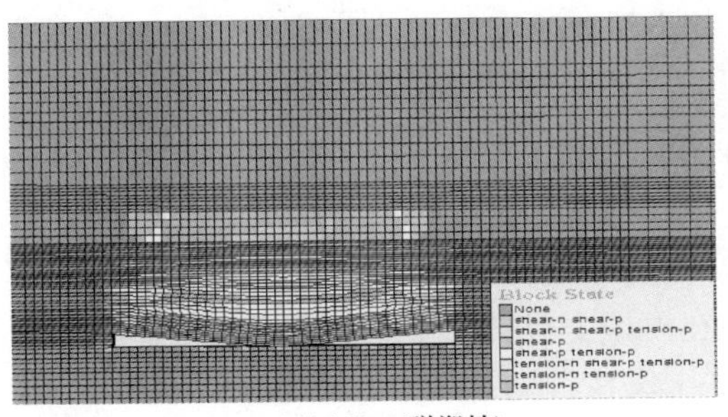

(e1) 160m (弹塑性)

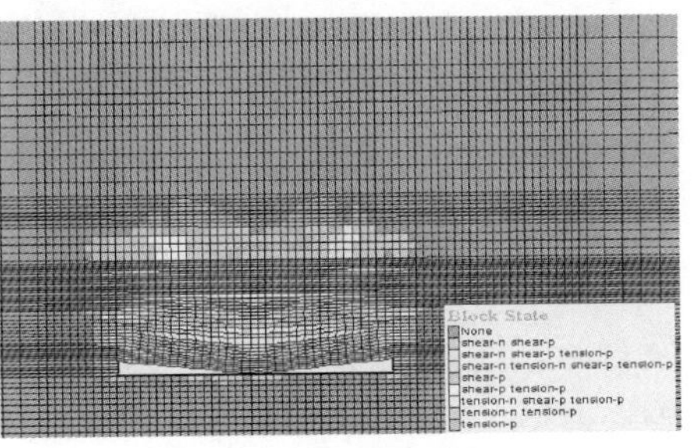

(e2) 160m (应变软化)

图 9-10　不同模型工作面推进过程中塑性区分布情况

由图 9-10(a1) 和图 9-10(a2) 可知，作面推进 20m 后，于岩体原始地应力场遭到破坏，空区顶板发生断裂、垮落，采空区周围岩体产生拉伸和剪切塑性变形。但是，应变软化模型的塑性区范围要大于弹塑性模型的范围。对比图 9-10(b1) 和图 9-10(b2) 的塑性区范围得到：应变软化模型在工作面推进 40m 的条件下，直接顶的塑性区范围大于弹塑性模型的塑性区范围，且其塑性区发育到了直接顶，表明随着工作面的推进，直接顶垮落后，基本顶处于悬露状态，体损伤不断累积。

通过图 9-10(b1)、图 9-10(c1) 和图 9-10(d1) 可以发现，随着工作面的推进，采空区周围岩体的塑性区不断扩展，其中塑性区竖直高度不断增加，但其宽度则不变。但通过图 9-10(b2)、图 9-10(c2) 和图 9-10(d2) 对比可以发现，塑性区竖直高度增加的同时，弹性区宽度也在增加，表明随着采空区面积的增大，上覆岩层受采动程度增加，围岩变形破坏的深度增大。

从图 9-10(d1) 和图 9-10(e1) 可以发现，弹塑性模型条件下随工作面推进，上覆岩层的塑性区发育高度稳定在 63m，由图 9-10(d2) 和图 9-10(e2) 可知，应变软化模型的上覆岩层塑性区发育高度稳定在 76.12m。说明应变软化模型计算的围岩影响范围要比弹塑性模型的大。对于本文数值模拟得到的导水裂隙带高度的验证主要参考“三下”规程[39] 和文献［74］中关于中硬覆岩的导水裂隙带经验公式。计算公式及结果如表 9-4 所示。

表 9-4　裴沟煤矿 31071 工作面覆岩导水裂隙带高度计算值

覆岩类型	经验公式	计算结果/m
中硬	$H_{li}=\dfrac{100\sum M}{1.6\sum M+3.6}\pm 5.6$	53.68
	$H_{li}=20\sqrt{\sum M}+10$	64.78
	$H_{li}=\dfrac{100\sum M}{0.1912\sum M+0.0049}$	84.94

由表 9-4 可知，运用应变软化模型求得的导水裂隙带发育高度在“三下”规程和文献［74］计算公式区间内，具有一定的可靠性。而弹塑性模型得到的覆岩导水裂隙带高度偏小，不利于指导水体下安全开采工作。

另外从图 9-10(e2) 中可以发现，应变软化模型模拟的导水裂隙带形态呈中间略低两端高的马鞍形，这与许多文献[75,76] 中通过现场实测得到的导水裂隙带发育形态是一致的，说明应变软化模型在模拟上覆岩层变形破坏的效果要优于弹塑性模型。

9.2.5　小结

通过采用岩土体材料的 Mohr-Coulomb 弹塑性和应变软化模型对裴沟矿覆岩导水裂隙带发育高度的模拟研究，得到以下结论：

（1）通过比较分析岩块的三轴压缩试验的应力-应变曲线，认为采用弹塑性模型不能反映岩石峰后力学参数减小的现象，而应变软化模型更能反映岩石峰后软化，以及残余强度阶段的相关力学特性。

（2）通过分别对弹塑性模型和应变软化模型在工作面推进过程中，模型塑性区的发育规律进行对比分析，认为两者的塑性区在工作面推进过程中不断发育，并在 140m 时趋于稳定；不论是在高度上还是宽度上，应变软化模型的开挖影响范围要大于弹塑性模型的影响范围。

（3）利用相关文献的经验公式计算得到的覆岩导水裂隙带高度，对弹塑性和应变软化模型进行分析：认为弹塑性模型得到的结果偏小；而采用应变软化模型得到的覆岩导水裂隙带高度和发育形态更趋于可靠，采用应变软化模型来指导工程问题更安全。

第二篇参考文献

[1] 谢和平，吴立新，郑德志．2025 年中国能源消费及煤炭需求预测［J］．煤炭学报，2019，44（7）：1949-1960.

[2] 许国胜，许胜军，李德海，等．赵城水库下煤炭开采安全性研究［J］．煤矿安全，2013，44(4)：43-45，48.

[3] 许国胜，李回贵，关金锋．水体下开采覆岩破断及裂隙演化规律［J］．煤矿安全，2018（4）：42-45，49.

[4] 何国清，杨伦，凌赓娣，等．矿山开采沉陷学［M］．徐州：中国矿业大学出版社，1994.

[5] 刘天泉．矿山岩体采动影响与控制工程学及其应用［J］．煤炭学报，1995，20(1)：1-5.

[6] 宋振骐，蒋金泉．煤矿岩层控制的研究重点与方向［J］．岩石力学与工程学报，1996（2）：33-39.

[7] 宋振骐，卢国志，夏洪春．一种计算采场支承压力分布的新算法［J］．山东科技大学学报（自然科学版），2006(1)：1-4.

[8] 钱鸣高，缪协兴．采场上覆岩层结构的形态与受力分析［J］．岩石力学与工程学报，1995，14(2)：97-106.

[9] 钱鸣高，缪协兴，许家林．岩层控制中的关键层理论研究［J］．煤炭学报，1996，21(3)：2-7.

[10] 缪协兴，浦海，白海波．隔水关键层原理及其在保水采煤中的应用研究［J］．中国矿业大学学报，2008，37(1)：5-8.

[11] 马立强，张东升，董正筑．隔水层裂隙演变机理与过程研究［J］．采矿与安全工程学报，2011，28(3)：340-344.

[12] 钱鸣高，许家林．煤炭开采与岩层运动［J］．煤炭学报，2019，44(4)：973-984.

[13] 李文秀，梁旭黎，赵胜涛，等．地下开采引起地表沉陷预测的弹性薄板法［J］．工程力学，2006，23(8)：177-181.

[14] 姜岩，高延法．覆岩离层注浆开采地表下沉预计［J］．矿山压力与顶板管理，1997(2)：36-37.

[15] 苏仲杰．采动覆岩离层变形机理研究［D］．阜新：辽宁工程技术大学，2002.

[16] 张忠厚，左彪，黄厚旭．最小势能原理在关键层挠度计算中的应用［J］．中国地质灾害与防治学报，2014，25(3)：94-100.

[17] 刘金海，冯涛，万文．煤矿离层注浆减沉效果评价的弹性薄板法［J］．工程力学，2009，26(11)：252-256.

[18] 翟所业，张开智．用弹性板理论分析采场覆岩中的关键层［J］．岩石力学与工程学报，2004，23(11)：1856-1860.

[19] 林海飞，李树刚，成连华，等．基于薄板理论的采场覆岩关键层的判别方法［J］．煤炭学报，2008，33(10)：1081-1085.

[20] 何富连，王晓明，谢生荣．特大断面碎裂煤巷顶板弹性基础梁模型研究［J］．煤炭科学技术，2014，42(1)：34-36，142.

[21] 邹友峰．条带开采优化设计及其地表沉陷预计的三维层状介质理论［M］．北京：科学出版社，2011.

[22] 吴立新，王金庄．连续大面积开采托板控制岩层变形模式的研究［J］．煤炭学报，1994，19(3)：233-242.

[23] 张玉军，李凤明．高强度综放开采采动覆岩破坏高度及裂隙发育演化监测分析［J］．岩石力学与工程学报，2011，30（S1）：2994-3001.

[24] 张玉军，张华兴，陈佩佩．覆岩及采动岩体裂隙场分布特征的可视化探测［J］．煤炭学报，2008，33(11)：1216-1219.

[25] 高保彬，王晓蕾，朱明礼，等．复合顶板高瓦斯厚煤层综放工作面覆岩“两带”动态发育特征［J］．岩石力学与工程学报，2012(S1)：3444-3451.

[26] 张海峰，李文，李少刚，等．浅埋深厚松散层综放工作面覆岩破坏监测技术［J］．煤炭科学技术，2014，42(10)：24-27.

[27] 王文学，隋旺华，董青红，等．松散层下覆岩裂隙采后闭合效应及重复开采覆岩破坏预测［J］．煤炭学报，2013，38(10).

[28] 薛东杰，周宏伟，王超圣，等．上覆岩层裂隙演化逾渗模型研究［J］．中国矿业大学学报，2013(6)：917-922，940.

[29] 李春睿，齐庆新，彭永伟，等．采动覆岩裂隙演化规律的定量描述［J］．煤矿开采，2010(6)：4-8.

[30] Whittaker B N，Gaskell P，Reddish D. Subsurface ground strain and fracture development associated with longwall mining［J］. Mining Science and Technology，1990，10(1)：71-80.

[31] Yanli H，Jixiong Z，Baifu A. Overlying strata movement law in fully mechanized coal mining and backfilling longwall face by similar physical simulation［J］. Journal of Mining Science，2011，47(5)：618-627.

[32] 崔希民，许家林，缪协兴，等．潞安矿区综放与分层开采岩层移动的相似材料模拟试验研究［J］．实验力学，1999，14(3)：402-406.

[33] 许家林，钱鸣高，金宏伟．基于岩层移动的“煤与煤层气共采”技术研究［J］．煤炭学报，2004，29(2)：3-6.

[34] 马占国，涂敏，马继刚，等．远距离下保护层开采煤岩体变形特征［J］．采矿与安全工程学报，2008，25(3)：253-257.

[35] 谢和平，周宏伟，王金安，等．FLAC 在煤矿开采沉陷预测中的应用及对比分析［J］．岩石力学与工程学报，1999，18(4)：29-33.

[36] 王新丰，高明中，李隆钦．深部采场采动应力、覆岩运移以及裂隙场分布的时空耦合规律［J］．采矿与安全工程学报，2016，33(4)：604-610.

[37] 孙亚军，徐智敏，董青红．小浪底水库下采煤导水裂隙发育监测与模拟研究［J］．岩石力学与工程学报，2009(2)：238-245.

[38] 梁运培，孙东玲．岩层移动的组合岩梁理论及其应用研究［J］．岩石力学与工程学报，2002，21(5)：654-657.

[39] 国家煤炭工业局．建筑物、水体、铁路及主要井巷煤柱留设与压煤开采规程［M］．北京：煤炭工业出版社，2000.

[40] 丁鑫品，郭继圣，李绍臣，等．综放开采条件下上覆岩层“两带”发育高度预计经验公式的确定［J］．煤炭工程，2012，411(11)：83-86.

[41] 娄高中，郭文兵，高金龙．非充分采动导水裂缝带高度影响因素敏感性分析［J］．河南理工大学学报（自然科学版），2019(3)：24-31.

[42] 胡小娟，李文平，曹丁涛，等．综采导水裂隙带多因素影响指标研究与高度预计［J］．煤炭学报，2012，37(4)：613-620.

[43] 娄高中，郭文兵，高金龙．基于量纲分析的非充分采动导水裂缝带高度预测［J］．煤田地质与勘探，2019(3)：147-153.

[44] 张勇，许力峰，刘珂铭，等．采动煤岩体瓦斯通道形成机制及演化规律［J］．煤炭学报，2012，37(9)：23-29.

[45] 何满潮，胡江春，王红芳，等．砂岩断裂及其亚临界断裂的力学行为和细观机制［J］．岩土力学，2006(11)：101-104.

[46] 张勇，张保，张春雷，等．厚煤层采动裂隙发育演化规律及分布形态研究［J］．中国矿业大学学报，2013，42(6)：935-940.

[47] 林海飞，李树刚，成连华，等．覆岩采动裂隙带动态演化模型的实验分析［J］．采矿与安全工程学报，2011，28(2)：298-303.

[48] 黄炳香，刘长友，程庆迎，等．基于瓦斯抽放的顶板冒落规律模拟试验研究［J］．岩石力学与工程学报，2006(11)：46-53.

[49] 蒲毅．跃进煤矿龙水湖水库下采煤可行性研究［J］．煤炭科学技术，2007，388(3)：98-102.

[50] 王崇革，宋振骐，石永奎，等．近水平煤层开采上覆岩层运动与沉陷规律相关研究［J］．岩土力学，2004(8)：1343-1346.

[51] 武雄，汪小刚，段庆伟，等．重大水利工程下矿产开采对其安全影响评价及加固措施研究［J］．岩石力学与工程学报，2007，181(2)：338-346.

[52] 马金荣，姜振泉，李文平，等．淮河大堤老应段土体蠕变特性研究及工程应用［J］．工程地质学报，1997(1)：54-59.

[53] 袁亮，吴侃．淮河堤下采煤的理论研究与技术实践［M］．徐州：中国矿业大学出版社，2003.

[54] 李文平，于双忠，姜振泉，等．淮河大堤土体工程地质特性及采动裂缝研究［J］．煤田地质与勘探，1992(2)：47-50.

[55] 李德海，许国胜，余华中．厚松散层煤层开采地表动态移动变形特征研究［J］．煤炭科学技术，2014，42(7)：103-106.

[56] 郭帅，张吉雄，邓雪杰，等．基于固体充填开采的井筒保护煤柱留设方法研究［J］．煤炭科学技术，2015，43(3)：30-35.

[57] 陈晓祥，谢文兵，荆升国，等．数值模拟研究中采动岩体力学参数的确定［J］．采矿与安全工程学报，2006(3)：93-97.

[58] 李培现．开采沉陷岩体力学参数反演的 BP 神经网络方法［J］．地下空间与工程学报，2013，9(S1)：85-90，121.

[59] 高富强，王兴库．岩体力学参数敏感性正交数值模拟试验［J］．采矿与安全工程学报，2008，84(1)：95-98.

[60] Peng S Syd. Topical areas of research needs in ground control—A state of the art review on coal mine ground control［J］. International Journal of Mining Science and Technology，2015(1)：1-6.

[61] 苏永华，封立志，李志勇，等. Hoek-Brown 准则中确定地质强度指标因素的量化 [J]. 岩石力学与工程学报，2009，28(4)：36-43.

[62] 朱玺玺，陈从新，夏开宗. 基于 Hoek-Brown 准则的岩体力学参数确定方法 [J]. 长江科学院院报，2015，32(9)：111-117.

[63] 彭俊，荣冠，周创兵，等. 一种基于 GSI 弱化的应变软化模型 [J]. 岩土工程学报，2014，36(3)：499-507.

[64] Hoek E，Carranza-torres C. Hoek-brown Failure Criterion—2002 Edition [C] // Proceedings of the Fifth North American Rock Mechanics Symposium，2002：18-22.

[65] Hoek E，Carranza Torres C，Corkum B. Hoek-Brown Failure Criterion—2002 Edition [C] // 5th North American Rock Mechanics Symposium and 17th Tunneling Association of Canada Conference，NARMS-TAC，2002：267-271.

[66] Yavuz H. An estimation method for cover pressure re-establishment distance and pressure distribution in the goaf of longwall coal mines [J]. International Journal of Rock Mechanics and Mining Sciences，2003，41(2)：193-205.

[67] 许国胜. 基于覆岩应力的岩层移动变形机理及预计模型研究 [D]. 焦作：河南理工大学，2017.

[68] 夏开宗，陈从新，刘秀敏，等. 基于岩体波速的 Hoek-Brown 准则预测岩体力学参数方法及工程应用 [J]. 岩石力学与工程学报，2013，32(7)：169-177.

[69] 周勇，王涛，吕庆，等. 基于 $FLAC^{3D}$ 岩石应变软化模型的研究 [J]. 长江科学院院报，2012，29(5)：59-64，69.

[70] 周家文，徐卫亚，李明卫，等. 岩石应变软化模型在深埋隧洞数值分析中的应用 [J]. 岩石力学与工程学报，2009，28(6)：41-52.

[71] 何忠明，曹平. 考虑应变软化的地下采场开挖变形稳定性分析 [J]. 中南大学学报（自然科学版），2008，182(4)：11-16.

[72] 张强，王水林，葛修润. 圆形巷道围岩应变软化弹塑性分析 [J]. 岩石力学与工程学报，2010，29(5)：1031-1035.

[73] 李文婷，李树忱，冯现大，等. 基于莫尔 - 库仑准则的岩石峰后应变软化力学行为研究 [J]. 岩石力学与工程学报，2011(7)：170-176.

[74] 许延春，李俊成，刘世奇，等. 综放开采覆岩“两带”高度的计算公式及适用性分析 [J]. 煤矿开采，2011，16(2)：10-13，17.

[75] 陈荣华，白海波，冯梅梅. 综放面覆岩导水裂隙带高度的确定 [J]. 采矿与安全工程学报，2006(2)：220-223.

[76] 王忠昶，张文泉，赵德深. 离层注浆条件下覆岩变形破坏特征的连续探测 [J]. 岩土工程学报，2008(7)：147-151.